SHUIGONGJIANZHUWU MOBAN JIAOSHOUJIA GONGCHENG LILUN YU SHIJIAN

水工建筑物模板脚手架工程理论与实践

周阜军　商志清　李守德◎著

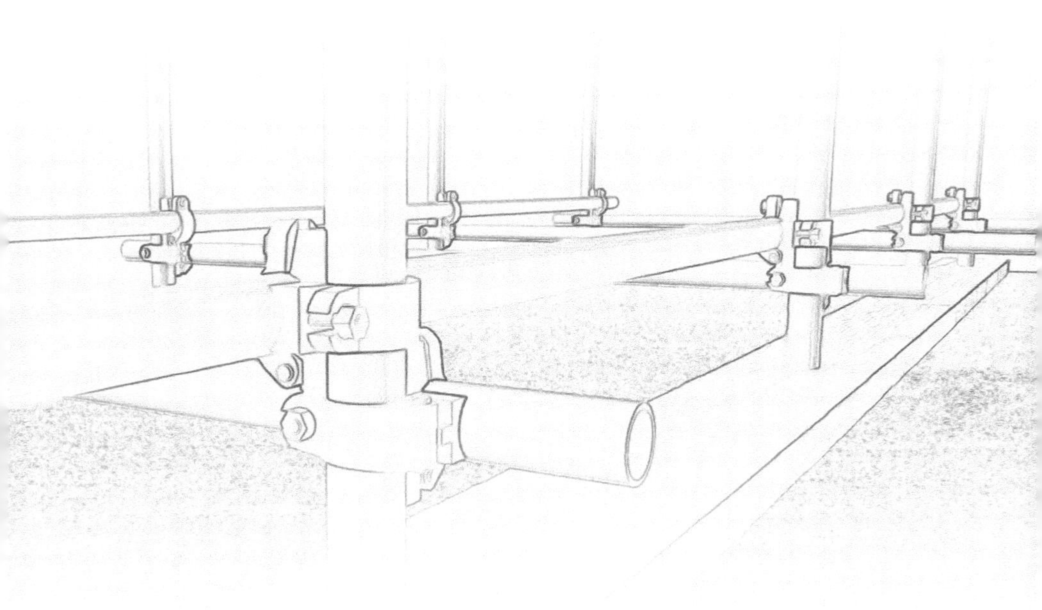

河海大学出版社
HOHAI UNIVERSITY PRESS
·南京·

图书在版编目(CIP)数据

水工建筑物模板脚手架工程理论与实践 / 周阜军，商志清，李守德著. -- 南京 ：河海大学出版社，2020.12

ISBN 978-7-5630-6784-8

Ⅰ. ①水… Ⅱ. ①周… ②商… ③李… Ⅲ. ①水工建筑物—模板②水工建筑物—脚手架 Ⅳ. ①TV6

中国版本图书馆 CIP 数据核字(2020)第 268183 号

书　　名 水工建筑物模板脚手架工程理论与实践

书　　号 ISBN 978-7-5630-6784-8

责任编辑 沈　倩

特约编辑 王　敏

特约校对 李　萍

封面设计 徐娟娟

出版发行 河海大学出版社

地　　址 南京市西康路 1 号(邮编:210098)

电　　话 (025)83737852(总编室)

(025)83722833(营销部)

经　　销 江苏省新华发行集团有限公司

排　　版 南京布克文化发展有限公司

印　　刷 江苏凤凰数码印务有限公司

开　　本 880 毫米×1230 毫米　1/32

印　　张 6.625

字　　数 175 千字

版　　次 2020 年 12 月第 1 版

印　　次 2020 年 12 月第 1 次印刷

定　　价 68.00 元

序

水工混凝土结构是实现水利调蓄和输送功能，保障水工建筑物安全的最普遍、最重要的结构形式。而模板脚手架工程是水工混凝土结构浇筑和养护过程的关键塑形构造和支承结构，是保障水工混凝土结构施工质量和正常使用功能的最基本的施工辅助设施。模板脚手架是临时性的工程，在生产实践中往往没受到应有的重视。因为模板脚手架工程设计和施工存在问题或施工过程中管理不规范而导致的各种类型工程事故屡见不鲜。随着水利工程施工技术日益发展，新材料和新方法不断涌现，水利工程施工呈现出了高质量、高效率和节能环保的新的发展趋势。模板脚手架的设计和施工正在向以信息化和自动化为特征的高水平阶段发展。在这样一个变革时期，写作《水工建筑物模板脚手架工程理论与实践》这本书，回顾水利工程施工技术和模板脚手架技术的发展历程，针砭实践中依然存在的轻视思想和做法，深刻思考模板脚手架工程中的理论和实践问题，可谓继往开来，适逢其会。

本书没有着重强调技术细节和操作方法，而是倾注了大量篇幅于水工模板脚手架工程的特殊性的思考和分析，提出提高和保障水工混凝土制作质量和水平的思想方法；针对生产中的问题，思考存在问题的原因进而提出解决方案；鼓励创新思想，引导将创造和创新用于解决实践问题和引领技术发展的可持续发展理念。因此，本书不仅是对生产实践的总结和体会，这些将帮助我们提高有关水工模板脚手架工程的业务水平；更是对技术和方法的深刻理解和创见，有助于我们对实践中的问题知其然亦知其所以然，有助于在水利工程施工技术大发展的时代更好更快地推进模板脚手架工程技术走向安全高效智慧环保的新的阶段。

2020 年 12 月

前言

模板和脚手架工程本来是互不从属的施工辅助技术。但是在大量使用钢筋混凝土结构的现代土木工程中，混凝土模板大多要与各种支撑架联合工作以达到混凝土浇筑和养护对模板工程的功能性和结构性的要求。我们希望在讨论它们各自特征的同时也关注它们之间的相关性，这也是我们构思这本书的初衷。我们不打算争论各种支撑架和脚手架在概念上的分歧，而采用在实践中把各类支撑架统称为脚手架。

在现代水利工程建设中，钢筋混凝土结构始终是各类水工建筑物的主体结构形式。由于水利工程的地质条件、水利功能和结构特征等特殊性，水工模板脚手架工程具有鲜明的行业特色。我们在讨论模板脚手架工程的一般性的同时，更加关注水工模板脚手架工程的特殊性，并重点关注其中的技术难点。

钢筋混凝土在现代水工建筑物工程中大规模使用，并未出现可能的替代材料。模板脚手架工程不仅其成本影响工程总造价，而且其技术和应用水平直接影响到混凝土工程施工质量和水利工程的运行管理。本书没有把使之成为使用手册或者教科书式的形式架构作为写作的目标，而是总结作者对水利工程施工实践中对水工模板脚手架关键技术问题所作的长期思考，站在工程师角度透过规范、规程和技术路线，充分地表现对技术难点和技术进步的深刻思考，并希望因此而引导读者加深对模板脚手架工程技术的思考和再认识。

机械工程师可以只专注于制造发动机，医生可以只专注于医治牙齿，但是土木工程师一般不可能只专注于从事某一项单独理论和技术。

土木工程师需要对设计、施工、材料、市场和管理等各个方面有广泛的了解和掌握。从根本上说，土木工程师需要对工程理论和技术相关的各个方面进行深邃思考和深刻理解，以适应不断涌现的新问题和不断发展的新局面。本书就是以这样的方式展开的，它的价值不仅在于向读者展示作者所作的思考，更在于启发和引导读者作自己的思考。

目录

1 模板脚手架工程总论

1.1 模板脚手架技术的渊源

土木建设工程施工过程中，砌筑、制作、运输、安装等工序往往存在依靠自然人力难以完成的工作，需要通过器具、设施等协同工作来提供辅助。脚手架技术正是这种辅助技术中非常重要而又非常成功的一类。可以推测，自人工建筑物出现之始，就自然产生了脚手架辅助设施。因为建筑物的尺寸和规模总是超过人的自然能力所及，人们架设辅助设施帮助完成施工过程就像人类学会使用工具一样自然。时至今日，在非洲和太平洋岛国一些土著部落中仍然能见到用于祭祀、瞭望等作用的塔架存在，它是人类探索自然和改造自然过程中自发产生的。

通常地，建筑施工架只是临时使用的设施，人们不愿意在不能形成财产的设施上花费更多人力物力；另一方面，在漫长的历史长河中，土木建筑工程的规模受限于材料、理论和技术，特别是在广大的社会生产中涉及的土木建筑工程在高度、跨度、自重和平面规模等方面均比较有限，这样，土木建筑施工对脚手架技术进步的需求并不十分强烈。基于这样的原因，脚手架技术长期处于一个可用即可的不受重视的状态；而追求功利的社会意识形态又使得人们采用尽量节省的办法来实现，在材料上尽量采用散杂材料和废弃材料，在结构构造上也是趋于潦草，以实现辅助功能为目标而常常忽视安全性和效率等因素。

脚手架技术的历史地位还取决于方案选择策略上。当采用经济简便的方案失效或失稳造成的损失不大于采用保守而昂贵的方案时，人们宁愿承担风险,而采用经济方案。比如因脚手架失稳而发生人员摔伤或少量的财产损失。因为在钢筋水泥材料出现以前,脚手架失稳风险由于土木建筑本身发展水平的限制而长期处于低风险水平,这使得采用经济简便的方案成为长期的共识。但是钢筋水泥的出现彻底地改变了土木建筑的水平,改变了脚手架作为施工辅助技术的技术水平,也完全改变了脚手架技术在土木建筑技术中的地位。

我们国家的土木建筑技术有辉煌悠久的历史。但是现代,土木建筑技术的发展由于历史原因而长期处于低水平。新中国成立以后,我国土木建筑技术得到了前所未有的发展。但是在相当长的时间里,新型建筑材料如水泥和钢材仍然稀缺,总体上限制了土木建筑技术的更充分的发展。反映在脚手架技术中,我们仍然沿袭过去的传统,尽量少用稀缺和珍贵材料。值得注意的是,毛竹材料具有强度、刚度高,规格容易划分,价格低廉等优点,用作脚手架材料明显优于过去的闲散材料。因而在 20 世纪 50 年代至 80 年代,毛竹脚手架被大量使用,一定程度地促进了土木建筑技术的发展。但是,毛竹具有质量变异性仍然较大,重复使用风险较高,节点绑扎可靠性不高等缺点,逐渐退出历史舞台是必然的。

改革开放以后,我国土木建筑技术进入更加蓬勃发展的时代。钢管脚手架及碗扣节点迅速普及成为脚手架工程的主要材料。钢管具有较高的强度和刚度,较小的变异性,规格统一便于安装,适应不同工程条件及承载力要求,易于重复使用等。1989 年,中国建筑科学院抗震研究所做了碗扣式双排脚手架的荷载试验,验证了铰接结构理论的适用性。钢管脚手架不仅在使用规模上广泛发展,而且在高层结构、复杂特殊结构以及与所建结构物共同作用等方面得到长足发展。

模板工程看起来似乎是水泥混凝土大量使用之下的产物。但是,事实上古代早已采用模板协助进行砖瓦塑形,也用于为石膏等硬化材料塑形从而制作各种产品,甚至从上古时代开始,冶金技术中已采用陶土模范或泥胎模具完成金属浇铸成形。因此可以说,模板技术的产生也是自然而然的顺应水泥混凝土技术出现而从已有技术中衍生出来并逐渐发展成熟的。但是无独有偶,模板与脚手架一样是临时发挥作用的辅助设施,这决定了其发展历程与脚手架技术很相似,也经历了采用闲散材料和经济简便策略的发展阶段。

在古代出现的金属件浇铸多用泥范或陶范,因其能够很好地适应高温和低温交替。但是泥范强度不高,又不容易搬运。现代钢筋混凝土构件浇筑也会遇到使用泥范的情况,但是囿于泥范的缺点,只用于少数的精度要求不太高的预制构件浇筑。过去砖瓦塑形多采用木模,因为木材容易加工又有较高的强度,质量轻而外观好,易于操作和运输;夯土墙或者土坯制作也常常采用木模;但是现代机制砖瓦多采用钢模制作胎胚,因为钢模板更能够适应机械化和规模化生产。

现代意义上的模板的概念特指混凝土或者钢筋混凝土建筑物或构件制作时用以作为围护结构,帮助完成构造塑形的辅助性技术。作为混凝土塑形的需要,模板要提供达到要求的内容面,包括尺寸精度要求、表面平整度和光洁度;另一方面,模板需要提供一定的承载力以承担混凝土自重和施工荷载等,因此,模板工程与施工架共同组成具有一定承载力的结构体系来承担荷载并将荷载传递到地基和其他边界条件上去。

1.2 模板脚手架工程主要特征和演化

1.2.1 模板脚手架工程的基本特征

模板脚手架工程技术伴随土木建筑工程的发展而发展,并随着时代的进步而逐渐专业化和规范化。但是模板脚手架工程的辅助性和临时性的特征始终主导着技术和方法的发展方向。在过去相当长的时间里,模板脚手架工程的制作就表现为应繁就简、因地制宜。基于此而进行设计和制作也体现这种时代特征和技术水平。

(1) 模板脚手架工程的辅助性特征

模板脚手架作为辅助土木工程建设的设施，准确地说是作为施工辅助设施帮助完成工程施工。因而它不是工程本身的一部分，不出现在永久工程中。这样就不像主体工程对材料要求的那样需要材料具有外观、强度、环保和耐久性等多种要求。作为辅助设施来说，对材料的基本要求就是达到辅助功能。例如对于模板来说，混凝土结构工程的一个基本要求就是模板能够提供平整表面以达到塑形的目的。而满足这一要求我们有多种可能的选择。在钢材稀缺、板材昂贵的时代，闲散拼补材料因为材料充足、成本低廉而成为主要的选择。在特殊情况下，砖石、土范也能够满足比较粗糙的要求。与此相比，对脚手架工程的基本要求有所不同。承载脚手架需要提供支撑能力，工作脚手架则主要提供可靠的工作平台。在土木工程不发达的时代，这两类脚手架的要求都是很容易满足的。比如在一般低层房屋建筑中，承载脚手架和工作脚手架对材料强度和变形要求都不高，甚至对材料几何规整性、强度和变形的变异性等都没有很高的需求。这是因为低等级土木建筑中往往荷载较低，出现偏差容易纠正，形成事故的风险性小。在低等级荷载和低风险的功能要求下，大多常见的辅助材料很容易满足要求。

(2) 模板脚手架工程的临时性特征

模板脚手架工程作为临时性设施只在工程的施工期提供辅助功能，而不贯穿工程使用周期，因而对材料的要求将不考虑材料和构件特性随时间衰减的情形。例如可以不考虑材料的疲劳、老化和水汽等外力侵蚀等损伤，在选择材料和设计制作构件时可以选择不具有长期性能但是能够满足临时性能的材料。比如闲散木材、毛竹、棉麻纺织材料、胶合板等材料，这些材料经过使用后往往难以回收重复使用或者重复利用率较低。

临时性特征还表现在各类突发性荷载和不利的环境条件因素出现概率较低。一般可以不考虑地震、重大地质灾害和洪水等突发荷载。

可以通过合理的组织设计减少不利因素，例如选择合适的施工季节避开洪涝因素、严寒天气等；通过管理控制减少突发和偶然荷载，或者安排一些可能荷载避开一定的施工阶段来减少不利因素。

临时性设施出现质量问题或工程事故风险可控。通过加强巡查和验收等工序，降低临时工程的隐患和潜在风险，例如材料损伤评价、构件连接和固定检查和评价等等。存在风险的环节形成质量问题和事故的后果需要具有可控性，表现为以下几个方面：质量问题和事故一般只引起设施本身的功能降低或丧失，通过修补、加固或更换可以得到恢复；质量问题和事故引起相关材料、物资损失，甚至影响工序或总体工程施工进度；质量问题和事故形成重要的生命、财产损失。在考虑模板脚手架质量问题和事故影响时一般根据经验和计算综合评估风险等级。在总体收益远高于风险的情形下，通过组织设计和科学管理降低事故概率则可视为风险可控。

1.2.2 模板脚手架工程的新特征

改革开放之后，我国基本建设以前所未有的速度蓬勃发展。土木建筑工程的规模和技术水平都得到了很大的进步。大跨度和高层建筑等建筑形式不断地冲击着建筑技术的极限，高品质和高性能的材料和构件的出现拓展了建筑形式所能达到的边界。建筑技术本身的发展对模板和脚手架技术提出了更广泛的需求和更高的要求。模板脚手架设计和制作理念从应繁就简和因地制宜转变为追求高效和提高安全，成为模板脚手架技术的新特征。这是新时代建筑技术发展的必然要求，也是模板脚手架技术本身成本和风险控制发展的必然结果。

(1) 模板脚手架工程的高效性特征

作为土木建筑施工过程的辅助设施，模板脚手架工程直接影响施工质量和施工速度。因此模板脚手架工程的高效性是土木建筑工程的一个自然要求。特别是在土木工程进入规模化、产业化的新时代，模板脚手架工程的高效性关系到保障工期和节约成本的基础目标。

模板脚手架工程的高效性体现在制作安装、辅助施工和拆除回收等各个环节。保障各个环节的工作完成效率是提高整体效率的基础。例如提高模板脚手架构件的标准化和规范化有利于快速布置和制作安装；提高连接件可靠度和安装便利性可以有利于提高安装效率和质量，也有利于拆除回收；材料和构件的高可靠性可以帮助减少施工过程中差错和事故风险，也是提高辅助施工效率的重要方面。

我国模板脚手架工程技术经历了从应繁就简到追求卓越的发展过程。改革开放前囿于经济和技术不发达，模板脚手架材料和构件都倾向于使用闲散材料以最大限度节约成本。但是这种实践原则必然形成低效率、低质量和可靠性差的尴尬局面，可以说掌握资源的多寡、工人技术的高下、组织管理的优劣将直接决定模板脚手架工程的施工质量、效率和安全性。截至 20 世纪 80 年代，我国大规模推广毛竹脚手架和复合板模板就是在专业化和规范化上的一个重要进步。因为毛竹容易按规格分类，具有较小的材料强度和变形的变异性，构件尺寸容易控制，这些特点为规范化和专业化提供了可能。复合板用于单面或双面平整光滑表面、成本低，易于加工制作和安装，在质量和效率上显著优于闲散材料模板。模板脚手架工程在专业化和规范化的进步极大地提高了制作安装效率和保障施工辅助的可靠性，在我国改革开放进程中发挥了巨大作用，也为模板脚手架工程的进一步发展奠定了基础。

组合钢模板和钢管脚手架的推广则是模板脚手架工程技术进步的必然。组合钢模板和钢管脚手架具有规格标准化、质量性能好、可多次重复使用，等众多优点。标准化程度更高，有利于培养熟练工人和规模化、高效率组织施工；质量性能好，减少材料缺陷和变异性引起的质量风险；多次重复使用，降低分摊成本和简化材料采购制作环节。事实上，自升降模板、整体式模板、行走施工架等新技术出现也是土木建筑领域对模板脚手架工程高效性追求的必然结果。

(2) 模板脚手架技术的安全保障特征

当模板脚手架安全风险高于降低材料性能带来的收益时，追求俭省节约的传统脚手架制作方法不符合土木建筑施工的总体目标。模板脚手架安全风险包括施工质量风险、生命财产损失、周围设施影响和生态环境影响等多个方面。

模板脚手架质量低劣可能引起变形、跑模甚至结构破坏等不良后果，造成工程施工质量下降、影响工程外观质量和功能，严重的可能导致工程不能使用。而对于高耸建筑物和大跨度建筑物等高技术建筑工程，普通脚手架甚至不能达到工程施工要求。因此，提高模板脚手架工程的质量和整体安全性是土木工程技术进步的必然要求。

模板脚手架工程质量和安全事故可能导致结构破坏、倒塌等严重的后果，造成重大的生命和财产损失，而事故处理和工程返工往往造成工期延期。事实上模板脚手架工程质量和安全性直接影响土木工程施工的质量目标、工期目标和成本目标。因此提高模板脚手架工程质量和安全性是土木建筑工程施工总体目标的重要组成部分。

为了减少土木建筑施工过程对周围和邻近建筑物和设施的影响，往往需要对模板脚手架工程进行特殊考虑和设计以降低施工干扰和不良影响。例如采用特殊结构跨越建构筑物，采用包围结构避免抛物坠落等对周围设施影响，有时甚至需要对保护设施提前进行加固保护以降低因施工造成的损害。

施工过程的噪音、扬尘等会对周围环境和生态造成一定的影响，有时需要通过加强脚手架围护性能或增加除尘功能来减少对周围环境的影响。在材料选择上避免选用污染性和不环保的材料以减少对生态和环境造成的侵害。

模板脚手架工程的质量和安全性是土木建筑工程施工质量和施工安全的基本保障。在土木建筑业进入规模化、高品质和高性能的阶段，必然要求模板脚手架工程提高材料质量的可靠性和结构体系安全性。

1.3 模板脚手架工程功能和质量问题

模板脚手架工程的功能来源于土木工程施工的辅助要求。当模板脚手架工程出现材料外观、强度、刚度等方面不足而不能提供所需的完整功能时,可称为模板脚手架工程的质量问题。模板脚手架工程质量问题和工程事故会直接影响工程质量目标、工期目标和成本目标,甚至会造成重大的生命财产损失。因此,提高模板脚手架工程质量,减少工程事故风险是工程施工过程中的重要环节。

1.3.1 模板工程功能和质量问题

模板工程的功能是为混凝土浇筑提供设计所需的具有符合要求的内表面的内容空间来达到为混凝土结构塑形的目的;同时它与脚手架等支撑体系共同作用来为施工期混凝土提供围护和支撑作用,保障混凝土强度增长所需的边界条件。当模板工程因各种原因不能达到设计要求的功能则会出现质量问题。

模板工作面主要功能为提供良好的内表面和内容空间。模板平整度不良会引起混凝土成活外表面外观缺陷,严重的情况下会影响构件有效尺寸从而影响承载力;模板局部缺损或漏洞不仅影响成活外观质量,更会因为缺漏引起砂浆流失而出现麻面、蜂窝孔洞甚至整个构件丧失承载力;模板材料的强度和刚度决定模板围护空间承担内容荷载和抵抗变形的能力,当材料强度和刚度不足时,可引起挠曲变形、跑模甚至整体破坏等后果,影响到成活的外观和整体施工质量,当变形和破坏发生在混凝土强度增长期时,可形成内部裂缝等隐患而造成严重后果。

1.3.2 脚手架工程功能和质量问题

脚手架工程依据其辅助施工的性质主要分为承载脚手架、工作脚手架和围护脚手架等。承载脚手架一般是指建筑结构尚未完成或材料强度未充分增长时期以脚手架结构体系临时承担施工中的结构自重和施工荷载，钢筋混凝土上部结构浇筑时需要脚手架和模板工程共同提供围护和承载作用；工作脚手架是通过脚手架搭设提供给人员和机械以工作平台，在保障安全性的条件下，提供特定的支撑和安全空间，有时还要求承担材料运输和处置的功能；围护脚手架通常是为了减小工程施工对周围环境的影响，例如高空坠物、空气和噪音污染等等，有时也用于减少外部环境如风雨等对施工过程带来的影响。

脚手架工程依据功能划分的类型总体上是以支撑体系为主要特征的结构系统。就是说，脚手架总是以临时构件搭设的结构体系来提供承载功能、平台功能和围护功能等辅助施工措施。材料、构件制作和连接技术是脚手架工程质量安全的基础；设计和搭设技术是脚手架工程主要实施环节；管理和巡查是脚手架工程可靠性的重要保障。设计、施工和运行管理的各个环节存在的各类问题都可能影响脚手架工程的质量和可靠性。

材料选择是脚手架方案最基础的任务。一方面材料强度和刚度是决定脚手架承载力的基本因素；另一方面材料价格影响工程的总成本。因此，材料选择从来都是脚手架工程设计和施工中的主要考虑对象。过去经常采用闲散材料用于脚手架工程，材料强度和刚度具有较大的变异性，材料品类和规格混乱严重影响脚手架工程质量的可靠性。脚手架工程的专业化和规范化提倡采用统一材料和规格的构件和连接件极大地提高了脚手架质量可靠性和可操作性，提高了使用和周转效率，节约了工程成本。

结构设计是脚手架工程必不可少的环节。在低等级的建设工程中，脚手架的结构构造往往采用经验和传统的形式搭设，在承载力要求不高、尺寸规模不大的情形中依然比较常见。但是另一方面，我们也经历过许许多多因为脚手架工程质量低劣、可靠性差而导致的质量事故，严重者造成巨大的生命和财产损失。因此，脚手架工程的专业设计方法应该得到更为广泛的普及和采用，以保障工程安全和可靠性。

鉴于脚手架工程作为辅助性和临时性设施的特征，脚手架的设计安全性和可靠性一般低于永久性设施。例如脚手架连接方法往往采用活动式的扣件，脚手架支承点往往采用垫块木楔，等等。脚手架工程这些特征决定其在施工过程中承受意外荷载和应对复杂条件的能力较弱，在较长的工作时期内出现变化的可能性较大。因此脚手架工程的运行期管理和巡查具有重要的实践意义。通过规范的管理和巡查可以最大限度地减少质量安全隐患，降低各类不可预见的风险，对于提高脚手架工程运行可靠性具有重要的保障作用。

1.4 模板脚手架工程专业化和规范化

专业化是现代制造业发展的重要特征。专业化的生产体系是提高效率、保证质量、降低成本和环境保护的基本保障。专业化在这里是指模板脚手架工程设计和施工技术建立专门的理论体系；设计和施工工程师具有专门的理论水平和技术资格；构件和制作由专门的企业通过专业的机械设备和设施根据规范要求生产加工完成；搭设、安装、管理和回收等施工过程由专门的技术队伍完成。

规范化是生产技术标准化、材料质量统一化、产品规格层次化的统一，是规模化生产产品和使用产品最为高效的方法，是最大限度利用生产设备、技术和人员进行大批量、大规模生产的高效率、低成本的生产方式。规范化生产体系对产品具有清晰的规格划分，以适应不同层次的功能需要；同一规格产品和不同规格的产品尽量使用同规格的零件；原材料具有稳定的质量区分以保障同规格产品具有相同的功能；产品设计和制造依据稳定的设计原则和生产技术标准。

模板脚手架工程的专业化和规范化是土木工程技术发展的结果，也是土木建筑工程施工对于高效率、高质量、安全可靠的追求的必然要求。模板脚手架工程专业化和规范化体现在材料、构件、设计、制作安装和回收利用的各个环节；体现了在自动化、智能化、规模化和节能环保的时代特征方面的进步。

在实践中，模板脚手架构件和配件一般由专业生产厂家组织设计、制造和销售。专业的生产厂家具有较高的技术水平和高性能的生产设备，能够在保障产品质量的同时提高生产效率和节约生产成本，提高社会总体效益；专业的技术队伍能够形成技术积累和新技术研究与开发，带动和促进产品性价比提升和新技术发展；专业化的生产促进了专业分工和市场化，淘汰落后技术推动成熟的技术占领市场，促进先进的技术涌现，有利于行业健康发展。

社会发展进入信息化时代，自动化、智能化、节能环保的理念逐渐走进社会生产的各个方面。以电子计算机为主体的自动化、智能化制造和管理技术根本性地颠覆了传统的生产形式。各类形式的生产机器人、智能控制和生产系统在极大地提高生产效率的同时，可以实现传统生产方式难以实现的高精度、高难度技术及产品的安全性和稳定性。大模板技术、自动行走模板都是在这样的形势下涌现出来的产品形式。随着信息技术和模板脚手架技术紧密结合，必将出现更加高效、更加智慧化的技术和产品形式，以更加安全和可靠、更加节能环保的施工辅助技术实现人与自然和谐相处。

2 水工模板脚手架工程的特殊性

水工建筑物是指为了调蓄、调节和分配水资源而兴建的各类建筑设施的统称。水工建筑物施工模板脚手架工程的发展过程与一般土木建筑工程模板脚手架工程相类似，也经历了应繁就简和因地制宜的粗放发展阶段和追求高质量、高效率、安全环保的新的发展阶段。可以说，水工建筑物模板脚手架工程技术的发展和进步是水利工程施工技术发展的一部分。但是水工建筑物施工有其自身的特点和规律性，这也决定了水工模板脚手架工程技术具有特殊性。水工模板脚手架工程技术的发展和进步正是立足于土木工程模板脚手架工程一般性特征，针对水工建筑物施工及模板脚手架工程的特殊性不断创新和改进的体现。

水工模板脚手架工程的特殊性主要是由水工建筑物的功能性、结构性和水文地质与工程地质条件所决定的。与一般工业与民用建筑工程作为生产生活场所的围护作用为主要设计目标不同，水工建筑物是以输运和控制水资源为中心，以有利于水体流动、防水止水、流量控制等功能性要求，以及防冲刷、防侵蚀和承载各类水力作用的结构性要求为主要设计目标。水工建筑物的这些特殊性决定了水工模板建筑物施工技术区别于一般土木工程而具有其特殊性。

2.1 水工建筑物的功能性特征对施工技术的要求

水工建筑物与一般房屋建筑的主要差异在于一般房屋建筑的主要功能是通过遮挡围护作用为生产生活提供安全稳定的空间，要求建筑物能够抵御自重荷载、生产生活荷载和自然因素产生的各类常见荷载并提供安全稳定的场所;水工建筑物的功能则是发挥调节调蓄和分配水资源的作用,需要具有更为复杂的空间构造形式和更为复杂的结构抗力以满足设计要求的水工建筑功能。水工建筑物的功能性特征使得水工结构和构件的施工对结构的塑形和结构的抗力有特殊的要求,从而对水工模板脚手架工程有特殊的要求。不同类型的水工建筑物具有不同的功能,相同类型的水工建筑物在不同条件下的功能要求有所不同,这就决定了水工建筑物施工对模板脚手架工程的要求具有差异化和个性化的特点。

挡水建筑物主要要求是建筑物自身以足够的稳定性来抵挡设计水位的水体。比如水坝等挡水建筑物根据工程条件可能采用自重形式或拱壳形式等稳定形式的结构。自重形式的水坝主要依靠强大的自重保持稳定性,因此一般具有巨大的设计断面和自重,而对外观要求较低。大体积混凝土构件的设计和施工需要考虑温度、干缩等因素形成内部裂缝等工程问题。拱壳等形式的水坝因坝体较薄,坝身以主压应力为主,对拱脚等支座位移特别敏感,因此对坝身线型、拱脚施工允许偏差和整体浇筑质量要求较高。

输水建筑物需要在提供容纳输水空间的同时降低容水边界的糙率。渠道衬砌对材料强度要求不高,但是对表面平整度和抗冲刷能力要求较高,以达到降低沿程水头损失的目的;有压输水廊道一般对结构性衬砌同时有较高的强度和糙率的要求;与水泵或水轮机等动力设备相连的流道对尺寸误差和糙率有更高精度的要求,这是因为线型平顺性、尺寸误差和糙率将影响流体的流态从而影响设备效率(见图 2.1)。

与机械设备共同作用的钢筋混凝土结构往往需要满足强度、变形和尺寸误差等多方面的较高的要求,这是因为机械设备的安装和工作往往有较严格的条件。例如各种类型的闸门对闸门墩墙有较高的强度要求,而对门槽则有极高的尺寸误差要求;水轮机安装和运行对轴线误差和水轮机室尺寸误差均有极高的要求。

图 2.1　涵洞过流功能对内表面曲线线型的平顺性和表面糙率要求较高

为了使水工建筑物在全生命周期都能达到设计功能，水工建筑物需要具有抗渗性、抗腐蚀性和抗老化等多项性能要求。这些功能性要求有时需要通过改进施工技术等措施来保障和提高，比如通过保温和排水模板可以提高混凝土强度和密实性，并取得更好的表面光洁效果。

2.2　水工建筑物的综合布置和联合应用

无论是大流域的水利工程还是小流域的水利设施都是全面考虑和综合治理的结果，同一个系统的各个水工建筑物是依靠共同合作达到水利工程设计目标的。即使是各个独立单项工程往往也需要与其他设施联合运行共同发挥作用。例如闸坝等挡水建筑物需要与储水输水设施联合工作达到控制水位和流量的目的；抽水泵站需要与不同型式的进出水池相连进而与水源和输水通道连接，有时还需要通过闸阀进行调节。可以说，水工建筑物单体总是依靠与其他设施联合应用来完成使用功能并发挥经济效益的。那么，水工建筑物的单体甚至构件与其他单体建筑和构件之间就存在功能上的联系和构造上的连接，有时这些联系和连接具有很高的精度要求。

各种节点水利枢纽工程就是比较典型的水工建筑物综合布置范例。常见的如节制闸和船闸水利枢纽(见图 2.2)、提水泵站与节制闸水利枢纽、水系立交合并航运工程的水利枢纽等等。这些节点枢纽工程需要在特定空间上建筑功能复杂、调度灵活的水利设施，并保证各单项工程自身以及单项工程之间流畅运行。在设计和施工当中，需要充分考虑功能衔接、尺寸误差控制、设备安装可操作性和工程生命周期之内的维护和管理。例如提水泵站工程，需要做好进水池和出水池与水轮机之间的衔接，保障水流流态以提高提水工作效率；闸门运动机构与门墩、门槽之间的限位装置需要达到较高的精度才能发挥止水密封性能；电机和水轮机安装需要轴线定位精度，也需要固定埋件精度，以避免偏心等问题造成效率降低及影响使用寿命。

图 2.2　船闸与节制闸综合布置

同一系统中的建筑物和单项工程中的设施和构件工作于相同或相近的水文条件和地质条件。在进行设计时采用相同或相近的设计标准，工作运行时同时经历相同或相似的设计条件。如果在施工中因放样误差、混凝土浇筑和其他因素造成建筑物或设施功能和承载力等方面的下降，必然影响整个系统的设计功能。一部分单项工程发生质量问题甚至破坏还可能引起其他部分设施的连锁反应。例如节制闸消力池因地基侵蚀而位移变形可引起更严重的破坏甚至危及闸身的安全。所以，水工模板脚手架工程实际上需要综合管理和控制，以保障各单项工程和分项工程能够流畅衔接、联合工作。做水工模板脚手架工程不仅仅需要做好钢筋混凝土构件本身，还要充分考虑水文地质和工程地质条件，考虑工程整体工作运行条件和在生命周期中的变化。水利工程师不仅需要具备扎实的理论与技术能力，还要有见微知著的洞察力和举一反三的思考力。

2.3 钢筋混凝土异形结构

钢筋混凝土异形结构是水工结构工程中较为常见的结构形式，往往是作为导流、整流的需要和沟通复杂的水力边界条件而设置的变曲线围护结构。常见的钢筋混凝土异形结构有扭面、复杂曲面流道、复杂流道系统等等。钢筋混凝土异形结构的主要特点在于空间曲面模板的制作较为困难以及模板支撑结构系统具有特殊性和较高的设计制作难度。

普通异形结构主要是常见的不规则形状结构或构造，如连接或沟通输水设施的过渡段，对浇筑质量和尺寸误差要求较一般。例如渐宽或束窄渠道坡面或翼墙，要求与上下游顺畅衔接，主要起导流作用；并不对放样误差、尺寸误差提出苛刻要求；施工过程或运行管理过程中出现一般质量问题，可以通过检修手段进行加固和修复。普通异形结构的模板制作由于空间曲面一般不能通过标准模板制作安装完成，也难以循环使用，需要针对具体设计进行定制制作。因为普通异形结构尺寸误差要求一般，通常都可以采用现场放样并制作安装。

特殊异形结构是指与动力设备、特殊功能有关的构造，尺寸误差和质量缺陷对关键设施的功能会产生重要的不利影响，因此对设计和施工提出较为严格的要求。例如水轮机机室的构造不仅对定位误差有较高的要求，还要求空间尺寸误差符合要求，以达到在高流速下控制流态的设计要求，并保障设备运行效率和运行安全。当异形结构对尺寸误差要求较高，现场制作可能难以达到设计要求时，需要对局部或整体模板进行定制加工以达到更高的质量要求。

相比普通构件，钢筋混凝土异形结构误差控制难度更高，更容易形成蜂窝、麻面等质量缺陷。异形结构往往对整体性要求更高，难以合理设置变形缝，更容易产生稳定裂缝、干缩裂缝、沉降裂缝等工程问题。异形结构往往会与其他结构构件共同合作完成设计功能，连接接口较为复杂，精度要求高，对埋件、密封性和平整性要求更高。

水利工程中的异形结构往往没有特定规格或标准。也就是说，水工异形结构往往是独特的，无法获得一成不变的模式和技术参数。需要在施工中发挥创造性和创新性来保障异形构件施工的质量和水平(见图 2.3)。可以预见，随着新材料和新技术的不断涌现，异形构件的模板制作材料和工艺都将会得到改进和提高。作为水利工程施工技术工作者，需要有开阔的视野，卓越创新的精神，时刻关注科学技术前沿，把水利工程施工不断推向先进和高效。

图 2.3　泵站竖井曲线流道异形结构

2.4 关键设备埋件

钢筋混凝土埋件是提前预置在模板框架中以便混凝土成活后连接、固定、锚固其他构件、设备和设施的连接件(见图 2.4)。考虑材料强度、刚度和耐久性等方面的要求,埋件一般采用钢材材料。水工建筑物中常常遇到钢筋混凝土构件与其他设备、设施联合工作的情况。在很多情况下,水工建筑物埋件因联合工作设备、设施的要求很高,对埋件的强度和锚固力有很高要求,对埋件的定位精度、相对位置等分别有较高的要求。

图 2.4 节制闸设备和设施通过埋件与钢筋混凝土结构连接固定或限位

如果按照埋件特点和特殊要求来分类,我们可以把水工钢筋混凝土埋件大致分为高锚固力埋件、高精度埋件和一般埋件。这样的分类并非是常规的方法,比如按照某一个特殊性或者统一的标准,而是在实践中水工钢筋混凝土埋件的作用和高要求主要呈现出这样的分类特点。

高锚固力埋件一般是指跟较大荷载相关的连接件,比如闸门轴承埋件、启闭机埋件以及各类后装构件的连接件等等。这类埋件工作荷载在其对应的钢筋混凝土构件的荷载体系中占有不可忽视的地位，甚至有时是对应构件的主要荷载。在设计高锚固力埋件时不仅要考虑埋件本身的锚固力，还要考虑钢筋混凝土构件本身的承载力和内力传递规律；特殊情况下，因埋件埋设的需要对钢筋混凝土构件本身进行单独的配筋设计和构造设计，以使其能够优化内力分配，提供足够的埋件抗力。在施工中，这类高锚固力埋件的结构性容易被各级施工技术人员忽略而造成结构性能降低甚至达不到设计要求，例如埋件的焊接连接、埋件的位置和布置等等。

高精度埋件一般是有特殊定位要求和固定要求的埋件。埋件精度主要是指埋件的定位精度和埋件之间的相对位置精度。埋件定位精度直接影响到连接设备和设施与对应钢筋混凝土构件的联合工作性能；而相对位置精度则影响设备设施的安装和工作应力，严重的情况下可能导致设备无法安装。重要的高精度埋件如转子轴承埋件、电机埋件等，这些埋件连接设备需要与流道准确定位以发挥流体力学和电动力学效率。有时不同的设备之间需要共同工作，例如电机、水轮机和流道就是高精度连接的协同工作设施，任何环节的连接误差都会影响整体质量和工作效率。对于多组埋件固定的设备和设施，往往要求埋件相对位置精确以利于固定和安装，例如多地脚固定设备可能具有数十个甚至成百上千个埋件，这些埋件中的个别的或者一部分出现相对位置误差就会使得设备安装出现困难以致影响安装质量或导致无法安装。对于有定位精度和相对位置精度要求的高精度埋件，往往需要进行特殊的埋件处置，如固定臂设计、固定框盘设计等等。

一般埋件对埋件锚固力和精度均无特殊要求，只需要制作简单构造埋件绑扎于设计位置，待混凝土成活后即可满足设计要求。一些设计要求较高的连接，可以通过活动连接口或者设计二次连接等方式降低对埋件本身的要求从而降低施工难度。

2.5 大体积混凝土

大体积混凝土工程是水利建筑工程的重要特色。水工建筑物中板、墙和墩式结构均可能出现大体积混凝土结构，以满足自身稳定、抗渗透和抵抗变形的要求(见图 2.5)。例如节制闸底板厚度可有 2 m 以上；翼墙或墩墙采用重力式结构时底宽可达十数米甚至几十米；重力式混凝土坝底宽更是达到数百米或更大；即使是混凝土拱坝一般也达数十米宽度。大体积混凝土构造具有良好的整体性和稳定性等优点，在水利工程中备受青睐；但是大体积混凝土由于施工中水泥水化热不能及时消散而引起温度应力并可能产生裂缝和内部损伤，并由此带来安全隐患和诸多问题。因此，大体积混凝土施工中必须考虑温控问题。

图 2.5 涵首闸前底板大体积混凝土

采用水化热较小的水泥如大坝水泥等可以减小水化热产生，是一种重要的应对措施，但是减小水化热的幅度是有限的，并不足以完全消除温度应力。随着材料科学的发展而研发出水化热更小的水泥或其他种类胶结材料或可更好地解决大体积混凝土水化热的问题。

以内部散热的方法减小热量输出是大体积混凝土温控的最关键措

施。理论上内部热量输出可以采用对流和传导等多种方式进行。但是,在实践中对流效率要远高于热传导的效率。通过在浇筑仓预埋管道,采用水循环或空气循环的方法将大体积混凝土内部水化热带出从而降低混凝土内部温度和内外温度差。由于大体积混凝土水化热问题是一个由内而外热扩散的空间问题,设计和布置循环管道并尽量减小降温管道对其他工序的影响是一个具有重要作用和实践价值的综合课题。但是采用循环水等方式换热散热也有其自身缺陷,那就是管道布置较为稀疏难以形成大面积覆盖。在循环水管上设置导热金属片加强热量传导和避免热量集中,可能是将来混凝土温控的重要方向。

外部保温措施则是另一种减小内外温度差的措施。但是外部保温阻滞了内部热量扩散,不但不能降低内部热量,还可能造成内部热量积聚。因此,适当的保温措施只对减缓局部表面裂缝具有积极意义。在混凝土体积不太大、温控要求不太高的情况下,采用保温措施可以有效地减缓温度应力和温度裂缝问题。外部保温措施可以采用模板外包裹保温材料或进行外部加热的方式,也可以用保温模板或加热模板来进行外部温控。在中小型体积混凝土浇筑施工或者气温低的季节的混凝土施工中采用外部保温措施是值得发展的技术。事实上,外部保温措施是通过控制外部边界条件使得热力学系统在新条件下达到一个新的非稳定平衡态。外部表面温度得到提升的同时,内部最高温度必然水涨船高。因此外部保温对消减内外温差并不能够达到显著效果,但是外部保温能够减小混凝土表面近层的温差,以及因温度变化引起的整体性热胀冷缩效应,因而在实践中对于不太大的构件养护确实有效。

2.6 地质条件的变异性和复杂性

水利工程是分布在各个流域的用以调蓄、调节和分配水资源的工程设施。水利工程的选址必然决定于水资源分布的情况和水资源流动与水循环的基本规律,而河流、湖泊的地质地貌随冲积、侵蚀、搬运而形成变异性大、工程性质复杂的基本特征。因此，水利工程场地工程地质和水文地质条件必然具有变异性和复杂性的特征。水利工程地质条件特征不仅给水利工程地基处理带来困难，也给水工模板脚手架工程设计和制作安装带来一定的挑战。

河流和湖泊等对地质地貌的水力动力作用是地质地貌演化机制的一部分。水体流动对地层产生切削、冲刷、运积等动力作用形成了河床、岸滩，塑造了沿河沿湖地质单元的特殊性。地表土壤和岩石经降雨径流搬运到河道、湖泊并最终入海的过程中，河流对岩土颗粒的搬运和沉积具有分选作用。在不同的河湖区段和不同历史阶段，土壤运积都具有很大的变异性，这使得河湖场地及河道变迁形成的近岸和滩地均有显著的空间变异性。一方面，河床岸坡和漫滩地质剖面往往具有多层土层构造，而在坡面形成切削出露断面；另一方面，河流中下游一般沉积较细小颗粒，固结程度较差，形成大量存在的软弱土层和夹层。这些变异性不仅使得地基土强度和变形特性具有差异性，也会影响到土体渗透性和水稳定性等重要方面，对水利工程施工阶段和运行阶段都有决定性的影响（见图 2.6）。

水工建筑物因功能和技术特征的原因，可能会选择顺水流方向布置、垂直水流方向布置、沿岸坡布置、垂直岸坡布置等多种平面布置形式。因河流、湖泊的河床及岸滩在垂直岸坡方向变异性大，因此水工建筑物的平面布置形式也使得与之对应的地质条件呈现复杂性。

水利工程场地广泛存在软弱土层和地质条件变异性对水工施工模板脚手架工程的影响主要表现为脚手架地基承载力不足和场地变形给模板脚手架工程带来支座位移甚至破坏等不利影响。持力层为软弱土层时，搭设模板脚手架可能存在地基竖向承载力和水平承载力不足的问题；软土层可能导致脚手架底脚不能获得支承作用，竖向荷载作用时可能发生刺入破坏，引起脚手架整体失稳；施工过程中随着竖向荷载增加而超过地基承载力时将形成地基失稳破坏而引起倒塌等事故。

软土层在荷载作用下产生固结变形，将引起脚手架和模板支撑构件的支座位移，从而导致模板受力不平衡而发生不可预计的变形和跑模；较大的位移和变形也可能在模板脚手架结构中产生较大的内力甚至发展成为失稳破坏。

场地土层的变异性可形成不同部位地基承载力差异从而需要针对性地采取不同的加固方案；地层变异性也可能造成地表沉降差，沉降差一方面会在模板脚手架结构中形成附加应力和变形，另一方面差异变形也会造成浇筑的混凝土走形而偏离设计要求；差异变形更容易形成体系受力不平衡而出现整体破坏，造成工程事故。

对于承载力不足的情况，应采取合理的地基处理措施提高地基承载力，比较普通的处理方法包括换土垫层法、固结法等等。当一般地基处理方法不能达到要求时，可以打设短桩等刚性桩来提高地基承载力。有条件的时候，利用工程桩提供足够的承载力来满足模板脚手架工程的地基承载力需要则是比较经济合理的方法。

图 2.6　水工建筑物布置受河相沉积地质条件影响

3 水工模板工程关键技术

3.1 水工模板工程测量放样

施工放样是水利工程测量中的中心环节，而模板工程测量放样（以下简称“模板放样”）又是施工放样中最重要的最终实施步骤。因此可以说，模板放样是现代水利工程施工的核心工序。但是我们从理论到实践始终没有严格地区分施工放样和模板放样，或者说我们没有突出模板放样作为核心工序的重要性。模板放样与同样作为临时性辅助施工设施的脚手架工程放样相比，前者要求较高的精度以达到对主体结构或构件的精确塑性，而后者则主要是为了提供结构承载能力。事实上，由于钢筋混凝土构件或结构体系往往是水工建筑物的核心结构和主要功能模块，如果模板放样存在问题而导致偏差太大，轻则影响水工建筑物效率，重则导致结构或构件不能正常工作甚至破坏。因此将模板放样作为一个重要技术类别来研究和发展是具有重要的理论和实践意义的。

施工放样的主要工作内容是为施工工序所需要而在施工现场放出点、线、面等几何要素并为施工工序的开展提供参考位置。具体来说，施工放样内容主要有控制轴线、控制边线、控制铅垂线，以及空间平面、空间曲面的坐标要素控制点等。误差控制、放样仪器和放样方法是模板放样工作中的中心问题，就是在工程设计角度提出放样误差的允许值，在技术上通过仪器设备和测设方法达到放样要求。但是对于有较高精度等特殊要求的模板放样，一般测设方法可能难以达到要求，则需要采用专门方法进行放样。异形结构模板放样就是一类有特殊要求的模板放样，应当针对具体情况，编制切实可行的放样方案。

3.1.1 水工模板放样误差控制原则

模板放样允许误差是由混凝土构件的结构性、功能性和外观等方面所要求的，而所能达到的放样精度则是由测设设备、测设方法来实现的。因此符合设计要求的模板放样就是以满足一定技术标准的测量仪器设备，按照可行的技术方案进行测设，以达到模板允许误差要求。

模板放样误差都可以归结到控制点的测设精度，但是因为建筑物空间布置特点和整体施工控制策略，以及不同形式误差所造成的影响，可以将其按照系统性的特征分成以下几类：

（1）工程整体定位放样误差。是指通过国家坐标控制网或者局部坐标系测量控制基点确定的工程选址定位坐标点误差。水利工程选址主要考虑工程水文条件和工程地质条件以及水利工程本身的功能性要求来做出决策。例如水库拦水坝主要需要考虑蓄水功能和地基承载力，特别是对于拱坝来说，要充分考虑坝基承载能力和坝基变形两个方面的要求；水闸工程主要考虑节点控制功能，适当考虑工程地质条件；供水泵站要考虑供水路线和取水便利性；等等。一般来说，工程选址的整体定位精度要求还是较为宽松的。这是因为如前所述的水利工程功能性要求和水文、地质条件要求等均属于较为宏观的定位控制，以当前的测量技术水平足够满足。

（2）结构物或构件之间的相对关系放样误差。是指不同构件之间的空间距离或者方向误差。这些构件间相对误差可能是直线间距离或方向误差，也可能是点与直线间相对距离或者点与点之间的距离等。构件之间相对误差往往是结构功能性的关键参数，例如消力池长度决定水跃入池的流态以及下游冲刷的影响；水闸翼墙的间距影响闸孔的过流能力；卷扬机固定基座与工作梁相对位置影响升降装置的工作流畅性；厂房轴线间距影响上部结构稳定性；等等。由此可见，结构构件间相对误差允许值受功能性和结构性要求影响，需要不同的精度来达到设计要求。大多数情况下，构件间相对误差要求较低，普通测量方案就可以满足要求；对于要求较高的构件间相对误差控制需要采取较精密的放样方案。

（3）构件断面尺寸放样误差。是指结构构件或者功能构件自身断面尺寸放样误差。构件断面误差不仅决定构件的结构特性，还影响材料用量和工程成本，有时构件尺寸误差也会影响建筑物功能。梁柱板等结构构件的尺寸是构件承载力的重要参数，如果出现尺寸不足或者内部钢筋位置误差均可能影响构件实际承载力；水坝、墩墙、底板等大体积混凝土建筑物断面尺寸也是影响其结构性的重要方面；闸门槽、通水流道、止水构造等特殊构造往往对断面形状和尺寸有较高的要求。针对不同的尺寸放样要求采取不同的控制方法是满足设计要求的关键。

（4）空间直线、平面和曲面放样误差。水工建筑物一般对结构物的空间延展性有一定的精度要求。比如滑动导轨对直线延展性精度有较高的要求以保障行走装置正常工作；闸底板平面要求平面表面精度以控制过流流态；空间扭面或其他类型空间曲面具有较高的精度要求以形成良好的水力边界。一般可以采用测设控制点的方式来控制空间直线、平面和曲面的放样精度，但是当有更高精度要求时，需要采用本体关联性的测设方法来达到设计要求。

3.1.2 模板放样测设工具和方法

模板放样测量与一般测量任务是接近的，又有其自身特点。放样测量归根结底可以统一为坐标测量，或者说，只采用直接坐标测量就可以解决所有放样任务。但是基于两个原因，我们通常不采用坐标测量包办一切。一是因为坐标测量并不总是具有较高的精度，或者有时坐标测量的精度不能达到设计要求；另一个原因是直接坐标测量有时具有较大的难度或者用其他测量方法更为简洁高效。

放样测量的测设对象主要为水平和竖直角度测量、距离测量和高程测量，事实上在实践中形成了以水平坐标控制为基础的空间坐标控制测量体系。传统上，用于测量的主要工具包括经纬仪、测距尺、水准仪和张拉线等等。经纬仪主要通过测量视准线沿水平度盘或竖直度盘旋转角度来测角；测距尺是利用不易变形的材料制作的标准长度来量测两点间直线距离；水准仪是通过提供水平视准线读取以水准尺反映的不同测点间的高差来测设各点高程；张拉线是通过张拉自重影响较小的线材来标示两点间的直线段，从而提供作业参照条件。理论上来讲，以上这些传统设备可以完成所有测设任务。但是一方面由于传统测量器具和方法有时难以提供更高精度测量，另一方面传统测量器具在测设效率和处理效率上不能满足现代要求，因此更为先进的测量器具逐渐取代或者部分取代了传统测量器具。比较有代表性的先进测量器具包括全站仪、红外或激光测距仪、GPS 坐标测量设备、遥感测量设备等等。

由于几何学原因，在测设对象中，角度测量精度对总体测设成果影响最大，或者说我们总是对角度测量有更高的要求。这样，我们对角度测量仪器也会有较高的要求。传统经纬仪主要有 J6 和 J2 两种精度型号以供不同精度测量要求选用。全站仪的出现则颠覆了传统坐标测量的样貌。一方面，通过更加精密和更加先进的光学器件进一步提高了系统精度；另一方面，通过智能芯片自动完成各种测量计算任务，真正实现了多目标测设自动化。

红外测距仪和激光测距仪具有相似的工作原理，通过测量光波传播时间来快速准确测量两点距离，具有测量距离远、测量精度高、能够进行跨越式的测量等优点。激光具有更好的集聚性，因此能够适用于更远跨越度的两点距离测量，例如地球和月球距离测量。一般地，红外和激光测距精度和效率远远优于钢尺等人工测距。但是,光线在大气中传播速度受气压、温度和湿度等条件的影响,尽管我们可以针对测设场地条件进行修正,但测设跨度上的介质条件变化仍然难以考虑。

GPS 卫星定位系统就是利用无线电测距测定运动中的 GPS 卫星动态坐标,并与地面终端交换无线电信号进而确定终端坐标位置的测设系统。我国已经研发成功北斗卫星定位系统,其定位精度和使用便利性相比 GPS 系统将会有很大提高。将来卫星定位系统在测量工作中的应用将会更加广泛。

3.1.3 高精度放样

就现有的测量技术来说,在距离测量、高程测量和角度测量中,角度测量误差对测量结果影响最大;水准仪也存在视准线不水平带来的误差,但是可以通过等视距测量予以消除;人工量尺测距可以达到较高的精度,光电测距则更是远远超过人工量尺测距。因此在测量工作中,如果条件可行,尽可能采用测距代替测角的方法将可以提高测量精度,这也是卫星定位系统能够提供较高的坐标精度的最重要的原因。例如沿轴线布置的建筑物,采用测距的方法进行放样,精度远高于普遍坐标放样。因此针对有较高精度要求的放样,应采用针对性放样方案。

(1) 平行轴线放样

在工程中心轴线定向放样完成后,平行轴线即可按照测距放样原则进行放样。这一放样方法的优点是平行轴线间的相对误差小于分别定向放样的平行轴线。测距放样时,同基准线(点)测距误差小于变基准线(点)测距误差。这是因为不进行闭合测量的情况下,变换基点测距会造成误差累积。例如采用光电测距放样时,多平行轴线放样在同一视准线上完成,可以达到最高的测设精度。

(2) 沿轴向放样

沿轴对称布置和不对称布置的建筑物都较为常见。采用沿轴测距放样可以提高放样目标与轴线相对位置精度。当存在平行轴线时，则先进行平行轴线放样，再进行沿轴线放样。当存在多组不相互平行的平行轴线组时，应对不同轴线组分别定向后，再进行平行轴线放样。

（3）断面放样

构件具有轴线时，应先完成轴线放样，再采用测距法进行断面尺寸控制放样；当构件不具有明确轴线时，可采用边线或其他线段作为控制线，然后依控制线采用测距放样控制断面尺寸。有时采用与断面尺寸一致的加工标具代替量尺进行断面放样更方便灵活。

（4）预埋件群放样

预埋件是用来连接固定其他构件、设备、机具等设施的重要措施。当较大型的设施连接采用预埋件群进行连接时，通常对埋件相对位置精度有较高要求。有时无论进行直接坐标放样还是测距法放样等都难以达到要求，同时由于埋件绑扎固定和施工扰动等因素的影响使得预埋件群精度控制往往成为难点。

当预埋件群有较高的精度要求时，可以采用预制刚架法进行埋件精度控制。即预先制作刚架并将埋件位置精确放样或预先在加工厂高精度固定预埋件，然后采用合理工序将埋件刚架固定到浇筑仓。当埋件群较大时，也可以采用分段刚架，并设置保精度连接。采用预制刚架法可以极大地提高埋件相对位置精度。

3.1.4 异形结构模板放样

异形结构模板放样是模板工程中的难点，主要原因在于模板尺寸不规则，尺寸误差不容易保证，而模板本身形状不规则带来加工和制作安装过程的困难。

对于有轴线的异形结构可以采用沿轴向测距放样的方法进行放样。对于没有轴线的异形结构乃至空间曲面模板放样，则可以采用控制点放样的办法。精度要求不高的模板放样，可以直接测点放样，精度要求较高时可以采用布置局部坐标系统然后满足某一方面精度的方法进行放样，如提高相对位置精度或提高构件断面尺寸的放样方法。

可以采用加工厂预制的方法提高异形结构模板的加工精度和相对尺寸精度。相较于现场的模板制作安装，对于异常复杂的空间异形结构或精度要求很高的构件，采用加工厂定制的方法可以大大提高模板形状精度和尺寸精度，也容易保障表观质量。例如大型的水轮机流道等复杂的精细空间曲面模板(见图 3.1)，如果采用现场制作较难保证曲面精度和整体刚度，而采用加工厂定制则容易满足精度要求和质量要求。

图 3.1　进水流道异形结构模板加工厂制作

对于特别复杂的模板，采用 3D 打印技术进行制作也是重要的发展方向。特别对于一些人工制作难以完成的复杂空间构造，采用计算机控制的制作技术可以得到比较完美的解决。在此基础上，可以进一步研究开发轻质可溶的临时模板材料用于拆模困难或不可拆除空间模板制作。

3.2 水工通用模板

我们把在水利工程中广泛采用的，具有良好适用性和经济性的模板类型统称为水工通用模板，包括组合钢模板、复合模板等等。通用模板适用于大多数场合，对技术条件和材料等要求较为一般，很容易在各个地区租用或者购置。水工钢筋混凝土结构中，除特殊异形结构和高精度要求的曲面构造，大多可以采用通用模板制模以达到技术经济合理性和良好的可操作性。

通用模板广泛适用并广受欢迎是因为其自身能够同时满足模板工程技术性、施工工艺便捷性和可拆卸回收重复利用的经济性三大要求。这些优越性使得通用模板能够充分满足混凝土结构对模板的技术性要求并提供混凝土浇筑、强度增长直至拆模完成其使命的全过程质量保障，同时又能够以高效施工、快速拆除高效性和便于维护及重复使用的经济性使其适应大规模工程建设和市场竞争。

3.2.1 通用模板主要特征

模板作为临时辅助设施，其材料和构造特点取决于功能要求和结构要求两大方面。功能要求是混凝土结构构件对模板在浇筑、养护和强度增长各阶段对模板尺寸构造、内容面平整度、变形控制以及防止漏浆等多个方面的要求，以达到保障混凝土浇筑养护和强度增长的技术目标；结构功能是指模板制作成形后需要能够承担施工期和强度增长期各种荷载，并通过支撑脚手架等传递到地基或其他稳定构造，但是更细致的结构性要求应当包括稳定和变形两个重要方面，以保障结构具有足够的承载力的同时不出现较大的变形。而变形控制同时也是模板工程功能性要求的一部分。可见，功能性和结构性也不是绝对独立的，也存在相互关联。以下将分别从功能性特征和结构性特征讨论一下通用模板的主要特征。

模板通过维护构造形成内容空间从而具有模范功能，为注入的流动性材料塑形。因此，内容空间是模板的核心功能。混凝土构件的形态特征主要取决于结构设计形式，例如梁柱壳结构以杆式构件为特征，板壳结构以空间曲面或平面构件为特征，其他如墩墙、台筏等各种可能的结构形式也都是为了实现设计目标而设计的结构形式。模板的模范功能就是要根据设计要求，使用维护材料形成具有塑形作用的内容空间。在基本要求上，模范空间应当保障构件的空间的连续性和尺寸的准确性。但是有时这种要求难以充分满足。例如因为结构稳定性需要设置对拉筋，因为施工或专业交叉作业需要预留孔道或管道等都可能会损坏结构的连续性或完整性。当这种连续性损害不显著影响结构的功能性和结构性，可以适当允许保留以提高可操作性和工作效率。但是当这种连续性破坏超过一定限度，影响结构的功能和承载力时，就应当在设计中予以考虑或者采用其他代替方案解决。

混凝土表面平整度是其对塑形要求的重要方面，而模板内容表面的平整度是混凝土表观平整度的直接影响因素。混凝土构件常常因为功能性或者美观性的要求而需要较好的表面平整度。例如翼墙等导流结构物需要较好的表面平整度减小水力边界的糙率以降低水头损失，闸门槽等与活动设备接触的构件需要平整光滑减少各类摩阻力，等等。当然，混凝土构件的表面平整度还影响到建筑物的美观性，因受大气和雨水等作用而影响耐久性，等等。

混凝土浇筑仓需要具有一定的密封性以防止在浇筑振捣和凝结期间发生漏浆等问题而影响局部强度和表观质量。通常情况下，水泥混凝土混合料渗透性不高，一般不需要考虑混合料内部水份渗漏问题。但是若存在较大的漏洞或者渗漏通道，可能导致混合料中砂浆材料渗漏从而在局部形成蜂窝麻面等病害，严重的也会影响结构承载力并导致结构不能正常使用。因此对模板和模板组装的密封性要求是具有相对性的主要针对漏浆而言的，不是针对渗水性而言的。对于大多数具有完好的整体性、良好连接的组装方式的情况，并不容易出现漏浆问题。漏浆问题的主因往往是模板材料本身具有漏洞等缺陷，或者在模板安装过程中存在疏漏，或者人为降低安装标准致使出现连接不良等密封性问题。但是因为漏浆问题往往可能会导致严重的问题，因此应在管理中作为验收重要环节，以避免出现重要质量问题。

模板材料在受到荷载作用后会产生变形和位移。但模板结构的变形和位移应当控制在允许值以内，否则将会影响混凝土构件的成活质量。模板材料的变形可能来自模板本身的特性，也可能来自模板支撑脚手架的结构特性。如果模板本身刚度不足，可能会出现局部的变形，俗称跑模。如果模板变形控制在允许值范围以内，一般不会发生肉眼可见的外观变形，对结构性和功能性的影响均在可控范围；如果变形超过允许值，就可判定为病害，可影响结构功能或承载力。结构上，可以采用增加垫板或垫梁来提高模板刚度，减小模板变形。但是，如果因为模板支撑脚手架的结构性问题而出现超限的位移和变形则不是通过改进模板能够解决的。事实上，模板及其支撑脚手架是一个整体结构系，在进行设计时应统一考虑变形问题和承载力问题。例如计算模板变形时，应当考虑模板及垫梁、支撑脚手架以及地基等整体变形方能准确反映模板的受力和变形情况。无论是模板还是支撑脚手架和地基出现超限变形，都应当提高设计标准或进行地基处理以保障混凝土结构浇筑质量。

3.2.2 组合钢模板

组合钢模板是指以专门规格生产的具有良好的强度、刚度和光滑表面的可以采用专用扣件连接的钢质模板。组合钢模板以统一生产的模板为主，辅之以其他特殊形制模板，可以适用于各类混凝土构件模板制作，甚至对于曲率不大的空间曲面也可以由钢模板组合完成。

组合钢模板的材料和构造具有特殊的优越性，符合我国土木水利的高质量、高效率和节能环保的发展特征，因而能够得到迅速发展并成熟。组合钢模板的重要特征包括以下几个方面：

（1）钢材材料

组合钢模板采用薄钢板作为主要材料，具有强度大、变形小、质量轻等多重优点；钢板材料保养得当，不容易损坏，易于重复使用降低使用成本；钢板表面光滑，易于维护，提高混凝土构件表面质量。

（2）加强肋设计

采用回边和纵横加强肋设计构造，提高了模板承受正应力的能力，承载力高，挠度较小。其充分发挥了钢板材料的优势，单块模板具有良好的整体性，能够适应施工环境较为常见的撞击、堆叠等处置条件。

（3）规格与形制

采用统一规格与特殊规格相结合的产品模式。一方面，统一规格便于生产、运输、存储，也便于组合安装工艺的标准化；另一方面，通过少量特殊规格模板如阴角模板、阳角模板以及连接角模、搭接模板、倒棱模板等与主要规格平面模板相配合，可以很容易组合成为不同模数和形式的模板设计形式。模板规格形成系列化和体系化有利于标准化生产和标准化施工，符合高质量、高效率、节能环保的发展方向。

（4）扣件连接

组合钢模板回边预留标准扣接孔槽，便于通过扣件与其他模板以及其他构件相连接。孔槽和扣件都采用了精巧的设计，可以实现各种组合方式的连接；连接紧密性好，能够充分保障连接后浇筑仓内容表面平整度；扣件本身易于组装和拆卸，连接强度高，不容易发生变形损坏。

组合钢模板有其独特的优点，也必然存在不足之处。长时间放置或保养不当，表面容易生锈或破损，若不进行除锈和修复就投入使用，不仅会影响工程质量，也会影响模板使用寿命；有时支模时间较长，拆除模板后也会在混凝土构件表面形成锈迹而影响表观质量；钢模板形制不能裁剪，只能按照制成的钢模板施工，遇有特殊形状要求时可能会出现困难，甚至需要定制模板或采用其他型式模板；体插筋、预埋外露件等需要在钢模板上打孔，造成损坏或损伤，降低了模板重复使用性能。

3.2.3 复合板模板

在组合钢模板推广之前，木板和其他复合板就是模板制作所使用的主要材料。复合板模板与组合钢模板相比，具有显著的不足之处，但是同时它也有组合钢模板不及的优势。复合板模板比组合钢模板具有更大的单块面积，容易切割加工成为不同的平面形状，在大面积模板制作和特殊形状模板制作中有不可替代的优势。复合板模板单独使用或者与组合钢模板联合使用都是在合适场合中的比较优化的选择方案。但是复合板模板有自身的缺陷，主要是复合板自身刚度和强度小，对支撑架要求较高，相较之下使用效率和经济性不一定更好；容易损坏和变形，周转次数少，甚至可能带缺陷使用而影响工程质量。总的来说，复合板模板拥有自身的优势，哪怕组合钢模板的深度推广应用也并没用让其退出舞台。这是因为，很多特殊形制的模板不是钢模板能够完成的，需要木板和其他材料加工制作；与钢模板相比，木模板和复合板易于裁减切削，加工成各种复杂形状；木板和复合板材料可以形成较大的展开面，具有良好的加工性，施工效率高。在实践中，形制变化多的梁柱等小断面构件，采用钢模板较为优越；大面积板式构件如涵洞顶板底模，采用复合板模板可以快速展开，既能保证仓面质量，又能节约工期，降低成本；即使在大量使用钢模板的工程中，复合板模板仍然可以作为钢模板的一个有益的补充来处理那些不够规则区域或者小尺寸的边角等情形。

采用木板作为模板时，需要单面加工面提供良好的表面平整度。与之相比，复合板具有更好的表面加工性能。特别是一些复合板具有单面加硬贴面，用于模板制作具有更好的表面光滑度和表面硬度，其优越性远高于木板材料。在当前的工业条件下，可以通过规模化和自动化的制造工艺生产高性能和低成本的复合板模板，从而一改以往的复合板模板形成的质量一般、强度和刚度不足及周转次数少等众多问题，成为在很多适用条件下的合理选择。

覆膜板是在铝合金或者其他基材上面覆了一层膜，板面涂覆专业黏合剂后复合形成。和普通的建筑模板相比，覆膜板最大的特点是多了一层防水膜，这层防水膜不但耐水性强，而且同时兼具保温的效果，适合在冬季施工。覆膜板的化学稳定性、耐候性、耐老化性比较突出，能够适应恶劣的环境。覆膜板加工性能也非常优秀，不容易发生变形和破损。建筑覆膜板的幅面比较容易调节，最大的幅面可达到两米以上；接缝数量少，施工效率高，脱模效率也高；相比而言周转次数较多，正确维护情况下能反复使用数十次以上。

3.2.4 模板支承结构

作为混凝土浇筑的围护结构，模板需要承担混凝土混合料及施工过程产生的荷载。这些荷载主要来自各类材料和设备的自重荷载，也有各种可能的水平荷载和倾斜荷载。这些荷载作用于模板后可对水平模板和侧向模板分别产生竖向和水平荷载作用，而模板上的荷载作用需要通过支承结构将荷载传递到地基、侧向边界或者其他结构物上从而保持模板工程及其支承结构体系的稳定性。出于形式上的接近和构造上的相似性，模板支撑结构与作业脚手架在实践中被长期地统称为脚手架，也并不引起表达上的障碍，因此本书中不打算在名称上刻意区分。事实上，由于结构型式的特殊性，在水利工程施工作业中，各类支撑架在脚手架中往往占据绝大部分工作量，而作业脚手架往往布置得比较少量。

作为支承结构，脚手架往往需要同时承担竖向和水平荷载作用。但是事实上，竖向荷载从来都是我们这个世界的主旋律，因此承担竖向荷载是大多数脚手架的最主要功能。脚手架用以承担竖向荷载的方式一般采用格构式立杆群通过轴心受压来承担。特殊情况下，也可以采用受拉、受弯等构件来实现竖向荷载传递。

水平荷载包括风荷载、设备工作荷载和其他可能的荷载的水平分量。虽然大多数时候，水平荷载作用不是支承架结构体系中的主要荷载，甚至在大多数正常工作条件下结构中的水平荷载接近于零。但是水平荷载传递和水平约束从来都是各类支撑架结构的重要功能。这是因为，不占主要地位的水平荷载作用却往往是很多脚手架制作考虑不周而失稳的原因；合理设置水平约束可以提高压杆稳定性从而提高立杆竖向承载力；土木工程施工是复杂的动态过程，偶然因素多并可能形成突发荷载作用，加强水平约束能够提高结构安全保障率。

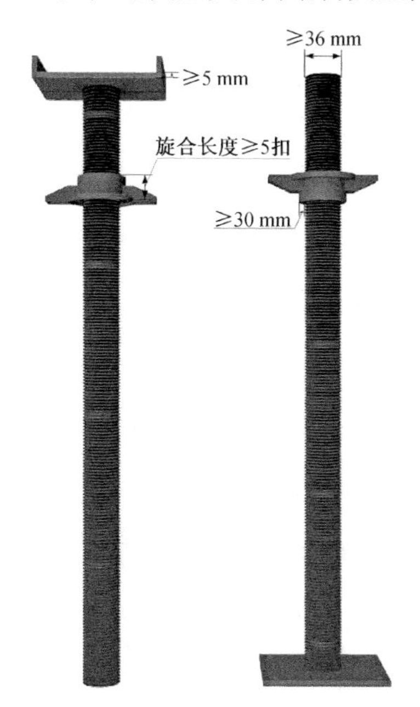

图 3.2 顶丝构造示意图

在竖向荷载传递中有一个重要的处置技术，就是竖向接触。因为模板或其他竖向结构系统中，各分部工程相对独立并整块制作，难以避免地形成立杆和模板等荷载传递系统出现部分不接触的情形。这种不接触因间隙不同可能形成应力分布异常甚至引发结构破坏。加设垫块是较为常见的的竖向接触措施，因垫块可能存在倾斜面，一般需要进行固定。但是，垫块接触是较为粗糙的技术，仍然不能保证应力传递的均匀性。采用顶丝（螺旋套管）来控制接触间隙和控制接触应力是更为可靠的做法（见图 3.2）。

3.3 异形结构模板制作安装

异形结构是指与普通梁柱板墙等结构构造相区别的具有较复杂的空间关系和非平直外形及外表面的结构构造。水工钢筋混凝土异形结构往往是作为导流、整流的需要和沟通复杂的水力边界条件而设置的变曲线围护结构。常见的钢筋混凝土异形结构有扭面、复杂曲面流道、复杂流道系统等等。钢筋混凝土异形结构模板因为尺寸不规格、线面不平直、构造不规则等特点而导致模板制作安装过程存在困难。异形结构模板设计、制作和安装的各个环节需要充分考虑异形结构的特点，针对具体结构特征考虑和选择设计方案以及制作和安装方法。

（1）异形结构模板设计方案

水工钢筋混凝土异形结构表现在尺寸上、外观上和空间构造上的不规格、不平直和不规则，使它们在形式上和功能上都与普通钢筋混凝土构件不同（见图 3.3）。但是，异形结构模板与异形结构构件本身相比，其结构性和构造形式则更加具有特异性。这是因为，异形结构模板的设计目标是为异形结构浇筑提供内容空间，不但需要提供符合混凝土浇筑要求的围护曲面，还要满足模板本身的固定定位和结构稳定性。事实上，异形结构模板是比异形结构本身更加复杂化的临时性结构体系。如果不能妥善设计异形结构模板的结构形式和制作安装工艺，会直接影响异形结构本身的浇筑质量。

由于混凝土浇筑荷载主要是竖直向下的重力荷载，因此通常把模板仓室上表面作为开放的边界，既简化模板制作安装，也方便浇筑和振捣。但是在异形结构模板构造中，因为构件具有空间弯曲构造，有时并不容易区分其上表面和侧表面，这给模板构造设计带来一定的挑战。在确定异形结构开放边界或预留浇筑口时，需要结合结构的设计要求和施工技术来综合考虑。

异形结构可能存在中空、嵌套或扭曲环绕等复杂的空间拓扑关系，反映到模板设计问题上，表现为难以定位、难以支撑、难以浇筑和难以拆模等问题。实践中，可以通过合理设计、分阶段施工来简化构件拓扑关系；可以利用在先期施工的结构中的预留埋件用于后续模板工程固定和支撑基座；也可以设置跨越拓扑关系的支撑来帮助模板固定；在可行的条件下，对于不便拆除的模板，可以设计为免拆模板或采用可溶材料。

图 3.3　渐变进水流道和曲面构造

(2) 异形结构模板选材

异形结构通常具有空间曲面内外表面，对模板材料选择和加工具有较高的要求，不同形式和不同设计要求的模板对选材的要求也有所不同。

在设定的误差要求下，大面积弯曲曲面模板可以由小面积模板组合安装来实现，从而降低模板弯曲度的要求。也就是说，在曲面曲率较小、面积较大的情况下，仍然可以使用通用模板来代替弯曲模板；在要求较高的时候，还可以通过浇筑后切削、研磨等办法完善混凝土结构表面质量。事实上，大面积弯曲模板的制作难度是极高的，即使要达到小块平面模板组合后的曲面效果也相当困难，因此采用小面积平面模板拼接组合大面积曲面模板是技术合理、成本低廉的一种方案。

有一些缓变曲面，根据其几何特点可以采用长条平面模板代替曲面模板。例如扭面、圆锥面和柱面模板等等。这些长条平面模板通常需要针对构件的具体几何特征进行加工制作，因此宜选用易于加工塑形的材料。

对于空间构造复杂、表面弯扭特征显著、误差要求较高的异形结构构件，应采用精密加工模板或精密加工配件组合模板。精密加工模板或配件选材应考虑加工的便利和加工技术适用性。

从前面的讨论来看，异形结构模板的选材需要针对结构本身的特殊性和现有加工及制造技术来综合考量。通用模板适用于大面积曲面，其优点是使用现有标准模板，不需要现场加工制造，具有廉价高效的特点。木板材料适合于现场加工塑形和拼接，特别是能够根据设计曲面要求制作较高精度的大曲率曲面模板，是很多复杂的高难度的异形结构模板的首选材料。但是木材本身刚度小，容易出现碰擦刮痕；强度有限，在有较高要求时不能完全胜任。

新型材料用于异形结构模板或者通用模板也是值得着力开发的研究方向。例如采用高分子材料或加筋高分子材料具有较好的强度和刚度，同时自重较轻，容易溶塑，能够胜任较为复杂的设计要求和特殊的环境条件。

（3）制作与安装方法

异形结构模板制作、安装的关键在于曲面曲率的形成技术。不同于普通的平直模板制作、安装，曲面模板制作时往往没有用于控制定位的结构轴线，难以使用常用的距离测量进行精度控制。因此，异形结构模板的放样和定位需要根据具体的曲面特征来进行控制。

有准线的空间曲面如扭面、锥面等放样工作的关键在于边界控制线测设。只要控制线准确定位，则很容易通过准线运动来确定曲面上任意点的空间坐标。操作上可以用线绳做成可移动准线作为模板安装的基准线；也可以采用放样模板特征点如二分点、三分点等作为模板安装的参照点进行模板安装。

一般空间曲面制作可以采用大密度控制点线的方法来进行模板安装，例如大面积曲面模板制作时可以使用小面积通用模板循控制点线逐步安装。空间控制点需要搭设控制点架，当空间控制点架搭设存在困难时，应专门设计符合要求的支撑脚手架或者直接采用模板脚手架来形成控制点网，待模板制作完成后再予以拆除。当存在并行曲面或者空间几何关系较为复杂而难以充分制作控制点时，可采用逐片测设的方法，即以已存在控制点或已完成模板上的特征点来测设待安装模板，并完成安装。

空间曲面模板的制作不仅在曲线线型和坐标精度上有较高的要求，还可能会对模板内容面提出较高的要求。因为水利工程输水设施一般会要求达到较高的光滑度和流线线型以减小水头损失，而水轮机进水流道和出水流道等异形结构则对流线线型和流道内表面有更高的要求，因为异形结构流道的浇筑质量直接关系到水轮机的工作效率。对于有特殊的表面光滑度要求的异形结构，可以在模板制作过程中增加表面加工工序以提高模板内容面的光滑程度和线型精确度。当然，在必要的时候也可以在混凝土拆模后，对异形结构表面进行打磨或者喷涂处理来进一步提升流道内表面质量。这些过程虽然表面上与异形模板工序不相关，但是因为该过程是混凝土浇筑的后续工序，并且受模板工程质量的影响，因此应当与模板工程统一考虑。

当异形结构形状或空间关系过于复杂，或者结构本身对精度的要求较高时，采用现场制作模板和一般测设方法可能很难达到设计要求。因此，对于复杂结构模板和高精度要求模板可以采用加工厂加工制造并在现场进行成品安装的分步制作方法(见图 3.4)。加工厂制作可以通过采用更为先进的设备和条件制作高精度和高强度成品以满足设计要求。进行加工厂制作时，根据构件规模和整体性要求可以采用整体加工制造，也可以采用分块制造统一安装的办法。加工厂制造模板选材可以采用符合要求的木材，也可以采用钢材和其他复合材料。制造方法上，可以采用传统的加工技术，也可以发展新兴技术例如 3D 打印等方法。

图 3.4　加工厂制作异形结构模板现场就位安装

3.4　预埋件制作安装

钢筋混凝土预埋件种类繁多，难以用功能将其严格分类。我们可以从承载力、定位精度等设计要求方面来阐述水工钢筋混凝土预埋件主要特征和关键技术。

以承担特定荷载或与传递其他承载构件荷载的预埋件可以视作承载预埋件。当预埋件设计荷载达到一定标准，成为结构荷载的重要组成部分或者成为其主要荷载时，将该埋件称为高承载力埋件。高承载力埋件往往需要进行专门的锚固设计，必要时需要将预埋件与构件主要受力钢筋进行统一设计以发挥构件承载能力和预埋件锚固力。当锚固力要求不高时，一般只需要埋件具有一般锚固构造，从而具有一定的连接和定位作用，可以称之为一般埋件。

功能或构造的要求需要达到较高的定位精度的埋件称为高精度预埋件。一般的构件连接或定位要求可以通过设置活动连接接口等设计方法来降低预埋件精度要求以减小施工难度。有的情况下，难以通过设计降低预埋件精度，需要依靠模板和钢筋工程的控制完成高精度埋件的实现。

综上所述，我们突出高锚固力埋件和高精度埋件这两类特殊要求的埋件并作单独归类，其他所有的锚固力要求一般并且定位精度要求不高的埋件均划分为一般埋件。这种非系统化的划分方法不同于一般的分类方法具有严格的层次划分，而是强调了两类特殊设计要求的埋件在设计、制造和安装上的技术特点并给予专门研究。

高锚固力埋件通常通过直接承担竖向荷载、水平荷载和弯矩荷载或者通过连接其他构件来承担各类荷载。不同类型的设计其传递荷载的方式有很大不同，因此高锚固力埋件的设计需要充分考虑连接荷载或连接件工作特征，对钢筋混凝土构件模板和钢筋工程进行精心细致的设计从而实现埋件设计功能。几何上，可以区分水平面上的埋件和铅直面上的埋件，以进一步了解埋件锚固方式和工作状况。例如铅直面上承担竖向荷载的埋件在有条件的情况下应将锚固钢筋设计为深入构件向上延伸的形式以充分发挥混凝土握裹力，反之如果锚固钢筋为水平或水平深入后下弯的构造，在发挥承载力时，锚固钢筋和附着混凝土工作关系不协调，易于出现裂缝、疲劳和内部损伤等问题。

对于高锚固力埋件我们总结出两条主要工作原则，一是钢筋混凝土构件通过锚固钢筋对预埋件提供足够的承载力；二是钢筋混凝土构件本身能够充分承担和扩散预埋件传递的荷载并使得构件在整体上处于正常工作状态。这两条原则是基于预埋件能够得到足够的锚固力和钢筋混凝土构件本身能够正常工作这两个方面提出的。任何形式的埋件设计和制作均应该考虑这两个工作原则，以保证埋件或埋件连接构件与钢筋混凝土构件共同发挥作用。

高精度埋件是针对埋件定位精度来说的。总的来说，埋件的定位精度包括两个方面，即绝对位置定位精度和相对位置定位精度。绝对位置定位精度决定了埋件的坐标精度，相对位置定位精度决定了埋件之间或者埋件与其他构件之间的距离精度。不同设计目的下埋件对精度要求可能有所不同。结构性的埋件或分散的独立埋件更关注绝对位置精度，而相关联埋件更关注相对位置精度。虽然说理论上对于绝对位置精度和相对位置精度都可以提出不同的精度要求，但是一般情况下，相对位置精度提出时往往是出于埋件之间或者埋件与构件之间共同协作而出现的。比如闸门边槽埋件需要控制严格的相对尺寸以达到闸门流畅行走的同时具有良好的密封性；机械底盘固定螺栓埋件，有多达几十个甚至上百个螺栓埋件，需要与设备螺栓孔连接，在提出对设备轴线精度要求的同时，也对固定螺栓埋件的相对精度提出了相当高的要求；在一些多构件或设备共轴的设计中，共轴精度是流体流动或动力系统的要求也是相对位置精度的一种情况，例如电机、水轮机和流道系统就是密切相关的共轴设备系统，轴线误差将会导致震动、效率低下甚至结构损坏等不良后果。

绝对位置和相对位置的误差特点不同，控制其精度的技术也有所不同。绝对位置精度主要取决于控制网等级和测量方法，可以通过提高测设水平来达到。而相对位置精度要求较高的情况往往对绝对坐标精度要求不高，例如机械底盘螺栓埋件对单个底盘的螺栓群相对位置要求较高，而对它们的绝对坐标要求不太高。这时，可以通过建立精密的相对坐标关系来控制相对位置精度，必要时可以采用预制刚架来控制埋件相对位置。预制钢架一方面利用加工厂制作的方式提高测设精度，另一方面通过刚性连接减小施工扰动等因素对埋件的影响从而提高埋件相对位置精度。

一般埋件是指对锚固力和精度均无特殊要求的埋件，主要起连接和固定作用。因此一般埋件往往构造简单，绑扎固定方式较为粗糙。一些设计要求稍高的连接，可以通过活动连接口或者设计二次连接等方式降低对埋件本身的要求从而降低施工难度。可见，即使是一般埋件，如果埋设位置偏差太大或者埋设锚固力太差也仍然会影响埋件的使用功能甚至使其丧失使用价值或者留下安全隐患。因此无论从设计的角度，还是从施工的角度来说，预埋件作为混凝土浇筑中的一类特殊工序，都是应当得到更高的重视和更好的技术支持的。

3.5 大模板

大体积的混凝土构件或构造，往往具有单面或多面大面积表面。如果这些大面积表面模板采用普通模板制作，将会比较细密烦琐，较高位置的部位还存在支撑困难的情况。大模板是针对这样的情况而出现的模板形制，一般是一块或多块整块的大面积模板，既提高了工作效率，也能够保障质量。混凝土构造物底模板一般无须采用大模板，采用大模板的一般都是侧模板，因为侧面板往往安装精度控制更为困难，侧向稳定性较差，采用大模板易于整体性控制。适用于采用大模板的条件可以有以下几种：

（1）混凝土侧面为较大面积平面，适合大模板组合形成浇筑仓；

（2）混凝土侧面在水平向或者竖直向存在较长的平面延伸范围，例如竖向延伸的建筑物内外墙、水平延伸的墩墙式构造等；

（3）水平延伸或者竖向延伸的折面组合曲面或者柱状曲面，例如带折角或圆角的涵洞内外墙面，一些竖向或水平向圆筒式构造等。

总结来说，只要能够具备采用大型平面的、折面的或者曲面的局部模板进行重复立模作业的大体积的混凝土浇筑，均可以考虑采用大模板。大模板由于具有较高的材料强度和整体刚度，拆装速度快，整体效率高，越来越受到青睐。

大模板的构造包括大幅的面板、合理的骨架结构、操作性好的安装作业系统和支撑系统。面板是大模板提供内容面的具有较高表面质量和结构强度的整体上板面，可以根据设计条件采用不同的材料制作；骨架结构是指与面板共同组成具有一定刚度和承载力的空间结构体系，一般包括主梁、打龙骨和次龙骨等等；安装作业系统是指能够吊运、就位并协助固定和支撑作业的设备系统和操作平台，根据具体情况可以采用龙门吊、汽车吊、塔吊等不同的起吊设备，也可以根据工程条件设计符合工程特点的作业平台；支撑系统是指用于支撑和约束大模板并保持稳定性的外部或内部构造，包括对拉杆件或索件、斜撑或水平支撑和其他连接件。

如果进行分类，大模板面板可依据面板材料分为木质面板、金属面板、化学合成材料面板等；如果按照模板的组合方式分类，则可分为整体式、组合式以及拼装式；如果按照外形来分类，还可把大模板分为平模板、角模板、筒子模板、异形组合面模板等等。

(1) 大模板结构和构造

面板与混凝土直接接触，承受着混凝土的侧压力以及其他可能出现的施工荷载。板面需要表面平整，具有良好的强度和刚度，能够拆卸维护后多次使用。目前施工中最常用的面板形式主要是钢板和木(竹)胶合板。

钢面板一般采用薄钢板拼焊而成，具有良好的刚度和强度，能够承受较大的混凝土侧压力和施工荷载；钢面板的表面时常维护，保持光滑性、平整性；薄钢板一般采用 3 mm 至 6 mm 的低碳钢钢板，自重较轻，通过加强支撑骨架提高整体刚度。

木竹材料胶合板具有较好的强度和刚度，可以做成加工表面，用于大模板面板具有质量轻、强度和刚度适中、易于加工和改造等优点。可以采用木质板面、竹质板面或者木竹复合板作为面板，也可以采用木竹材料作为基材，进行表面覆膜加工使之具有更高的表面特性和整体性。

大模板的内部是通过大梁承担主要荷载并传递到支撑结构或者地基上（见图 3.5）。面板与大梁之间需要设置主龙骨、次龙骨来分块承担面板荷载并传递到大梁上。龙骨或次龙骨构造具有加肋作用，提高面板抗弯刚度，减小面板在荷载作用下的挠曲变形；对于面板变形较大超过允许限值的情况，可加密龙骨或者设置次梁来提高整体刚度；对于承载力稍弱的面板材料，也需要加强龙骨和主梁设计，确保结构刚度和承载力复合要求。

图 3.5　涵洞立墙大模板

（2）安装和拆卸施工辅助系统

由于大模板自重较大，根据具体的条件和情况自重可能达到几百公斤乃至几千公斤。因此，大模板安装时需要采用专门的设备吊装和就位。应根据工程条件和工程规模合理设计和选用吊装设备和其他辅助系统（见图 3.6～图 3.9）。

起吊设备应该根据大模板规模和工程特点选用符合工程需要的设备。汽车吊能够灵活转运和进行姿态调整，租用和进场较为灵活，一般可以作为重要选项；龙门吊在定制范围内具有很高的可靠性和很高的效率与性能，对于工作强度较大的场合，采用龙门吊用于大模板的安装拆卸或与其他工序联合使用是能够提高整体工作效率、降低风险的方案；也可以根据工程特点、工程规模和技术条件，设计专门的吊运和安装设备。

应针对具体的施工辅助系统编写大模板安装和拆卸作业流程计划书。因为大质量构件安装和拆卸是高风险空间交叉作业工序，参与作业的管理人员、技术人员、机械设备以及构件和主体结构需要在时间和空间上遵循科学和安全的管理程序才能确保作业安全、作业效率和作用质量。

额定吨位的吊车在不同吊距和吊高上时有不同的吊重限值，有时吊臂旋转方向也会影响吊重限值；吊件设计时一般应考虑设置吊耳，便于吊具连接；吊件在空中应进行姿态控制，以避免出现动力碰撞等事故发生。基于吊装过程和吊件自身安全性考虑，吊装作业的各个工序应按照动作分解制定各动作操作参数、范围或重量，应制定管理、吊装操作和安装拆卸操作相互协调的作业流程方案。同时，也应该制定出现突发情况时的应急预案。

图 3.6　有悬挑简易龙门架辅助系统

图 3.7 汽车吊与龙门架协作转运

图 3.8 简易龙门架辅助大模板安装

图 3.9　大模板整体滑移

(3) 固定和支撑构件

大模板需要固定在坚固的底座或者地基上，同时需要进行水平向支撑或固定。一般可以采用内撑和对拉的方法固定模板间水平向相对位置，以确保水平定位精度和构件尺寸精度；同时工作的大模板以及与其他构件联合工作时，通过螺栓连接或其他连接方式固定；在风荷载或施工荷载等其他水平荷载作用下有发生水平位移的可能性，则应当采用水平向支撑或斜撑约束于地基或其他固定边界。

一般来说，大模板的主要水平荷载是风荷载。应当校核风荷载作用下的荷载效应，并选取合理的支撑方案。对于有条件的情况，可以采用水平支撑时，抵抗水平荷载；无法采用水平支撑时，可以采用斜撑将水平荷载传递到地基；当结构较高而不适宜采用一般的支撑结构时，可建造专门的支撑结构体系；当地基较软弱不能承担大模板自重和水平荷载时，应当进行地基处理或采用桩基、锚杆等措施将荷载传递到好的持力层。

3.6　倾斜顶板的模板制作与安装

倒虹吸涵洞的钢筋混凝土结构浇筑工程中，在制作倾斜顶板模板时，需要解决顶板浇筑过程中的下滑力问题。倒虹吸顶板联孔浇筑时，待浇筑的顶板自重可达几百吨甚至数千吨，在混凝土入仓、振捣及强度增长过程中，混合料会产生较大的下滑力，必须在模板和脚手架设计中予以考虑，否则可能会出现塌滑、变形等质量事故和安全事故。混凝土浇筑后，随着混凝土强度增长，混凝土自重对模板形成的应力将会重新分布，带来模板和支撑系统内力变化。

从结构设计的角度来看，要解决下滑力的问题，需要对该下滑力提供阻力。技术上，有两种可靠的方案能够提供抗滑力，一种是沿下滑力的方向设置约束，可以直接平衡来自倾斜顶板混凝土的下滑力；另一种是在下滑力平面内提供双向约束，以双向约束的合力与下滑力相平衡从而形成抗滑力，例如竖向约束和水平约束组合。可见，提供抗滑力不是必须沿下滑力方向支撑，也可以采用在竖向支撑条件下增加水平支撑来实现。通常情况下，对于存在倾斜顶板的模板抗滑设计，选择在倾斜段的下端设置支撑可以较好地控制下滑稳定性。但是当倾斜顶板规模较大时，单单从倾斜端支撑往往难以满足要求。

较大规模倾斜顶板混凝土浇筑的下滑问题具有更高的复杂性。首先，当浇筑段规模较大时，模板脚手架结构整体性较弱，常规设计下的结构体系更不能传递下滑力；其次，当浇筑混合料尚处于流动态时，混合料具有多重潜在下滑路径，当某局部提供抗滑阻力时，混合料可能从上部或其他部位滑动；再次，由于倾斜顶板具有巨大的自重，局部支撑往往无法提供足够的抗滑力。

对于模板自身的抗滑力传递来说，通过上部张拉力提供抗滑力优于下部托举力提供的抗滑力。这是因为通过螺栓连接等方式很容易实现模板间或板底支撑件抗拉连接；而模板或板底支撑件之间的承压连接靠自然抵靠或螺接、铆接的方式可靠性差，还需要进一步提供垂直模板方向的限位，如果连接不良可能造成失稳；承拉体系是钢材等常见材料的优势承载方式，不需要考虑截面刚度等几何特性就可以提供可靠的承载力(见图 3.10)。

图 3.10　泵站流道倾斜底板浇筑

为了解决大规模倾斜顶板混凝土浇筑中的复杂下滑问题,应对以上几个方面进行针对性的模板脚手架结构体系设计,即提高结构整体性、降低混合料滑动风险、充分利用综合抗滑力。

(1) 倾斜模板的整体性加固

倾斜模板整体性体现于混凝土混合料具有下滑趋势时,在抗滑约束和下滑力作用下模板系统和其支撑系统承受较大的内力;如果沿下滑作用方向的承载能力不足,模板即支撑系统可能会出现折断、脱扣和屈曲破坏等失稳破坏。因此,进行倾斜顶板模板抗滑设计的同时,必须进行模板整体性加固。可采用定制模板,增强单向抗压承载力;也可采用在普通模板下增设加强结构,如格构梁或型钢等提高轴心抗压和抗压稳定性;适当提高竖向支撑脚手架的抗滑设计。

应尽量选择承拉方式抗滑力传递结构,以减少对截面刚度要求;如果必须采用承压方式抗滑力传递结构,需要加强截面刚度并提高垂直约束能力。

（2）立杆的加固

倾斜顶板浇筑仓的立杆支承结构脚手架仍然是传递上覆荷载的核心结构。但是倾斜顶板浇筑期间具有下滑势，将会对立杆施加一定的水平力，可能引起立杆位移、变形，甚至可能引发失稳等风险。因此，应对倾斜顶板浇筑仓的脚手架立杆进行加固。

立杆加固主要包括顶端加固、底端加固和水平杆约束加固这三个方面。立杆顶端由于接触需要，一般设置伸缩杆连接，对顶部连接接头做水平限位约束来提供水平抗滑力。可以采用限位环或者采用绑扎、螺栓、螺钉或焊接连接。底端不宜采用楔形垫板，并应采用可靠的限位措施以提供适当的水平抗滑力。沿倾斜方向的水平杆应与基层进行可靠的连接，提供适当的水平抗滑能力。当没有可靠的既有结构提供水平杆连接时，可以打设地锚杆、地钉等简易抗滑拉锚结构，提供适宜的水平抗滑力。

应布置斜杆和横杆与立杆组成三角不变系提高立杆抗侧向力水平和抗压稳定性。还应设置扫地杆，加强端部约束，提高立杆的抗侧滑能力。

（3）多约束抗滑设计

对于浇筑仓在倾斜方向上具有较长的延伸长度的情况，模板本身强度和刚度无法满足传递下滑力的要求。这样，模板的抗滑能力不能仅由模板局部提供。可以设置多约束抗滑构造，从整体上满足倾斜顶板的抗滑要求。在约束形式上同样可以采用沿下滑方向和双向约束这两种形式；结构构件可以设计为拉拔式的，也可以设计为顶托式的。但是倾斜顶板浇筑场地通常也是斜坡或者具有倾斜底板的情况，这时采用拉拔式构造更加符合技术特征。可通过埋件或钻孔等措施与既有结构连接提供抗滑力，也可以在场地地基上打设拉锚结构如抗滑桩或者锚杆以提供抗滑力。当拉锚结构不能在正对于浇筑顶板位置设置时，也可以在浇筑仓两侧或者其他适宜的地方设置。对于上部抗滑条件较好的情况，可以在上部设置抗滑桩并通过拉索为倾斜模板提供抗滑力，这样就可以使抗滑体系成为承拉抗滑体系，增加了体系的可靠性。

(4) 处置混合料下滑

混凝土混合料入仓和振捣后存在较大的孔压，强度低，具有流动性。混合料的滑动不但会对模板脚手架工程形成下滑力，其本身也会沿底面滑动，如果处置不当，可能影响混凝土塑形和保养，严重的还可能引起较大范围的塌滑，形成事故。

可以从结构和施工组织等多个角度采取应对措施，降低混合料下滑风险。结构上，可以在浇筑、仓分段设置抗滑挡板或者抗滑拉筋(网片)。通过抗滑拉挡构造将混合料下滑力分段传递到模板上去，从而降低混合料流动条件和下滑风险。施工组织上，可以采用分层浇筑、分块浇筑、跳仓浇筑等办法，减小一次性浇筑规模，提高当次浇筑的抗滑摩阻力。当然，也可以把结构措施和施工组织措施联合使用，从而加强处置强度，更强有力地保障施工安全(见图 3.11)。

图 3.11　涵洞倾斜顶板满堂脚手架

如果采用这些处置措施仍然不理想，那么就应该避免使用开放式上表面施工方案。把倾斜顶板当作混凝土墙来看待，增设上表面模板并分层浇筑，可以更大限度地减小混合料下滑的风险。当然，水工混凝土结构往往设有复杂的受力钢筋和构造钢筋，在大多数情况下，钢筋骨架就能够提供很好的抗滑能力。当然，这时钢筋本身也需要与边界约束固定以提高足够的抗滑力。

3.7 模板工程的智能化

质量、效率和安全性一直是模板工程发展所追求的最高目标。而体现这一目标的最耀眼的进步就是模板工程的智能化发展方向。通过信息技术、自动控制技术和动态监控等技术提高模板工程制作、安装和运行管理各个环节的质量、效率和安全性是模板工程智能化的核心内容。当前正处在模板工程智能化发展的起始阶段，正是大力推动各项技术紧扣信息化和人工智能技术发展的新趋势和新技术，发挥创造和创新，大胆推动模板工程智能化的关键时期。模板工程的智能化发展也必将是土木工程设计和施工技术走向信息化和智能化的一个重要部分，它们将成为土木工程行业在新时代走向智能生态环保节能的新发展模式的推动力。

自动升模技术的出现可以说是模板智能化的发端。二十世纪八九十年代，随着模板工程技术专业化的发展，开始出现以提高效率和安装质量为前提的新技术即自动升模技术。自动升模技术是指在具有尺寸延展条件的钢筋混凝土工程的模板工程中，采用自动爬升(行走)装置，整体提升已完成浇筑的模板进入下一工序作业，从而大大提升作业质量和作业功效，成为先进的土木工程施工技术的代表。随后，大模板技术、复合模板技术也不断涌现，共同推动模板工程技术朝向智能化方向发展。当前，随着信息化技术、自动化技术和人工智能技术的发展和成熟，必将为模板工程智能化发展提供更为广阔的舞台。

模板工程智能化技术中有三个重要的发展方向，其一是精确可控的行走技术，它是建立在可靠的自动化技术上的模板就位、脱模和移动的关键；其二是智能定位和安装技术，它是指依靠信息化水平的提高，能够智能化地进行高精度就位和安装，保障模板工程安装精度和良好结构性的技术；其三是自动监控、预报和险情处置能力，这是指通过模板应力应变和位移传感器动态反映模板结构工作状态并分析预报可能存在的风险和隐患，对于已发生的问题提出处置方案并按照规定程序执行。模板工程智能化的三个发展方向也可以看作是逐渐成熟的三个发展阶段。目前，自动行走技术逐渐走向成熟，智能定位和安装技术仍然在发展当中，而监控预报和处置技术则是下一阶段发展的重要内容。我们将就这三个方向的关键技术展开有限度的讨论，以期总结已有的发展成果并推动新的技术进步。

自动升模技术发端于高层建筑工程滑模浇筑。由于建筑物高度不断提升，落地脚手架已不再适合，利用已完成结构构建共生模板脚手架的技术日臻成熟。自动升模技术正是融合了共生模板脚手架技术和自动化技术，通过精巧设计，实现模板整体爬升功能，极大地提升模板安装效率和质量。在信息化和人工智能大发展的背景下，自动升模技术必将得到功能更加完善、技术更加可靠、作业更加高效的发展。

信息化和智能化的应用更加有利于发展智能定位和自动安装技术。基于更加精密的定位能力和更加强大的数据分析能力，开发具有更高精度的坐标测定和尺寸控制功能、更加智能化的自动安装系统，发展具有高精度和高效率的就位和快速安装技术，必将使得规模化、自动化、智能化的施工技术得到飞速发展。

模板工程配件依靠紧固件连接和结构件的支撑承载形成主体模板结构和模板功能。依靠标准化技术可以使得模板制作安装实现专业化和统一化，但是模板及配件的连接和固定并不能保证连接应力和变形控制的统一。也就是说，模板工程及其结构系中的内应力和不规则变形很难消除或控制，这也是一些工程出现质量问题甚至工程事故的原因。在信息化和智能化背景下，发展数据监控、智能控制和问题处置的智能化模板技术具有广阔的应用前景。

4 水工脚手架工程关键技术

4.1 脚手架构件分类

从闲散材料绑扎搭设脚手架到毛竹脚手架再到标准化构件装配脚手架，代表着一种以发展水平和时代特征为标志的脚手架划分类别。若以不同的角度来审视脚手架技术，我们可以看到脚手架技术的发展状况和演化方向。

以材料的异同来分类可以将脚手架划分为竹木脚手架、钢制脚手架和铝合金脚手架等等。竹木脚手架是指以标准竹材和木材作为原材料加工成为可回收使用的脚手架构件，主要通过绑扎和木钉等方法进行连接固定的脚手架搭设技术。竹木脚手架损耗率较高，安全性较差，竹木构件力学性能低于金属材料构件，不能用于要求较高的脚手架工程。钢制脚手架是指主要以钢管等型钢为主要构件，采用各种扣件连接搭设的脚手架技术。钢管以断面刚度大、不用区分使用方向而优于其他种类型钢，因而成为最主流的脚手架构件。角钢、槽钢、工字钢等其他种类型钢也常常因为特殊需要而可以用于脚手架构件，例如工字钢可用于有较高的抗弯要求的场合；角钢等材料方便进行螺栓连接；等等。铝合金脚手架是采用铝合金管材或其他型材作为脚手架主要构件，采用各类扣件连接的脚手架技术。铝合金具有较轻的质量和较高的强度，方便运输和搭设，在脚手架规模不大、使用要求不高的情况下使用具有高效和简单易用等优点。

以构件型制特点来概括，脚手架可以分为普通钢管脚手架、半成品构件脚手架、非标准构件脚手架等等。半成品构件脚手架是指在加工厂制作具有较高承载力的刚片或刚架，以利于工作中快速搭设和快速形成承载力，例如标准贝雷架采用 1.5 m×1.5 m 的标准规格制作成具有主干框架和内部斜撑的标准组件，易于存放和运输，易于设计成复杂的梁柱等结构，易于快速安装，可获得较高的承载力。非标准构件脚手架是指为某一些需求制作的特殊构件、大型构件等脚手架辅助构件，以实现一些特殊的设计目的，例如较大跨度成品梁构件、较高承载力的柱构件、可以灵活设计的桁架组件等等。

从设计的结构和受力特点来看，可以把脚手架分为满堂脚手架、排式脚手架、悬挑脚手架等等。满堂脚手架是进行大面积支撑的分布式脚手架，常常用于钢筋混凝土梁板的模板支撑等；排式脚手架可用于内外墙施工作业或临时支撑；悬挑脚手架常常用于层高较高而不适合地面承载的情况。

事实上，我们还可以从更多的角度来划分脚手架的类别，例如自动化和智能化的水平、特殊作业要求、专门化的使用用途等等。

4.2 脚手架结构构造

脚手架结构构造是指脚手架构件以一定的组合形式形成针对设计荷载的承载能力，承担脚手架功能。

竖向荷载是脚手架荷载中最主要的荷载形式，这是由材料和构件的自重荷载形式决定的。因此脚手架结构的最常见形式就是竖向承载脚手架。根据竖向荷载的种类和分布，可以考虑采用轴心受压形式的脚手架结构，例如大面积分布荷载采用满堂分布式脚手架；条形分布荷载可以采用排式脚手架；集中荷载可以采用柱式结构。由于脚手架竖向受压结构承载力包含轴心受压承载力和压杆稳定承载力，因此设计竖向承载力时要同时考虑竖向压杆、水平连杆和斜撑。在有特殊需要的地方，可采用桁架梁、桁架拱等形式传递竖向荷载，以起到跨越和保留通道的作用。当采用自支撑的外墙脚手架时，往往需要用悬挑结构或三角架的形式将竖向荷载传递到建筑物自身的结构中。

当具有水平荷载作用时，脚手架结构需要具有水平承载力。例如风荷载形成的侧向荷载可通过围护构造或者大面积的模板等传递到支撑脚手架；施工过程中存在水平力或者结构自重分解而来的水平力，由于稳定要求需要设置水平向约束等。在结构形式上可以采用自重稳定的形式，如满堂脚手架具有较大的水平向宽度，依靠自身稳定性就可以提供很强的水平承载力；自重稳定性较差时，例如排式脚手架，需要加设水平支撑或者外部斜撑来提供水平承载力。

一般来说，由竖向支撑和水平联系杆件构成的结构体系仍然是可变结构体系，结构自身不能承受水平力，需要加设剪刀撑和内部斜撑来形成稳定结构体系，从而形成水平承载能力。另外，加设剪刀撑或者斜撑也是水平连杆得以约束并获得压杆稳定性的必要条件。因此在以竖向荷载作为脚手架主要荷载，水平荷载不显著的条件下，依然设置剪刀撑来提高结构的整体性，并获得水平承载力和水平支撑侧向约束。

从本质上讲，剪刀撑和斜撑是没有根本性不同的。但是习惯中将双排脚手架的排间短斜撑称为斜撑，而将排内通长斜撑称为剪刀撑。在设计上，斜撑可以逐步布置或者间隔布置，剪刀撑往往是在整体上布置成交叉剪刀状的一对或者多对的通长构造。这样斜撑和剪刀撑就具有不同的结构性功能。斜撑是对单格可变系的加固，而剪刀撑则是通过在整体上提供斜向约束来提高整个脚手架的整体性和斜向抗力。如果在加固方向布置了足够的斜撑，那么当然也就不需要布置剪刀撑。现在来看一个简单的例子，竖放的四边形可变系下边杆采用两段简支条件支撑时仍然为可变系，但是如果在上部某个节点提供水平约束，则体系变成了不变系。也就是说我们不需要对每一个四边形可变系的单个格构都加固成为不变系，只需要提供一个必要的水平约束就可以了。通长的剪刀撑就是能够达到这个目的的优化方案，由此可见剪刀撑在边界处的固定也是非常重要的。如果剪刀撑在边界没有固定,那么就只能依靠脚手架体系自重提供水平承载力,可靠性就非常有限了。当然,如果脚手架在该水平方向延伸足够长,那么就不必强求对剪刀撑进行边界固定了,因为自重稳定性所提供的水平承载力就足够了。

设置剪刀撑应当注意剪刀撑杆件的连续性。如果剪刀撑出现跳格间断,则所跳的间隔部分将成为可变体系,较大地削弱了剪刀撑的整体性和传递荷载的能力;同时,剪刀撑间断时,意味着该部位作为剪刀撑的端部约束,不能提供约束能力,那么剪刀撑无法传递轴向力。依据上述原则,剪刀撑也不应在外边界结束,从而失去轴向力承载力;剪刀撑固定时应尽量通过脚手架节点,这是因为脚手架杆件抗弯力弱,而节点上同时具有竖向和水平向杆件并能够分解脚手架轴向力。

如果剪刀撑只布置在脚手架横杆和竖杆体系而不与固定边界连接,那么该剪刀撑只具有提高去除边界约束后的脚手架体系的整体性,例如把脚手架竖杆和立杆组成的可变体系加固成为不变体系;但是如果将剪刀撑延伸并固定于竖直或水平边界,可以有助于提高体系的水平承载力,同时也提高了体系沿剪刀撑方向的抗力。因此在有条件的情况下,剪刀撑应尽量设置支座以提供可靠的支撑力和可控的变形约束;必要时,可以为剪刀撑打设临时短桩以提高剪刀撑轴向承载力;需要时也可以将剪刀撑的轴力由竖向和水平向杆传递分解后分别传递到地基和侧向约束上,但这些构造仍然应进行验算以保障斜撑承载力(见图 4.1、图 4.2)。

脚手架扫地杆是另一类非常重要的构件类型。这是因为大多数脚手架场地不能够提供良好的端部固定条件,也就是说脚手架立杆在地面接触点实际上是搁置式的、没有实质固定的。这样,单支立杆在因外力或偶然性的条件发生侧向位移而失稳时,底端的边界条件就接近于自由端条件了。比较特别的情况是,在有些场合中,施工者会采用木楔或者其他垫块找平来弥补双向连接间隙。这样实际上人为地增加了不

图 4.1 双排脚手架剪刀撑设置

图 4.2 满堂脚手架剪刀撑设置

稳定因素，相当于把立杆放置于光滑斜面上，特别是有时还会因为发生位移或者偏差时采用外力击打纠正，这就更加加大了失稳的风险，因此而酿成的事故也屡见不鲜。在立杆与地面接触部位设置扫地杆可以提高立杆的底端约束水平，消除因各类原因导致这一类立杆失稳的风险。采用扫地杆进行杆端联系后，立杆底端约束就接近于铰接连接，稳定性上升；当某杆件出现偶然荷载时，脚手架整体提供水平抗力。对于面积比较大的脚手架布置的扫地杆不需要进行侧向边界约束，而反之对于脚手架立杆数量较少的情况，扫地杆应进行水平向约束，以提高整体水平向抗力。比较简单的处理办法就是打地钉，并将地钉与水平杆或与之相连的立杆连接。应当在横向和纵向均设置扫地杆。对于单排或双排脚手架可以将扫地杆与连墙钉相连，或者直接采用地钉把立杆与地基固定（见图 4.3、图 4.4）。

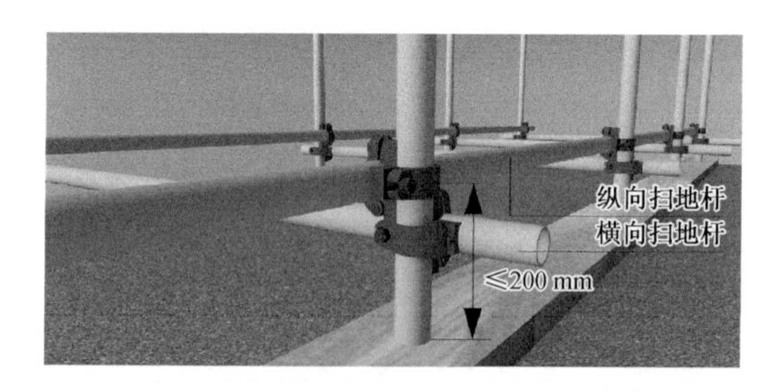

图 4.3　双排脚手架扫地杆设置

图 4.4　满堂脚手架扫地杆设置

4.3 脚手架约束与地基承载力

脚手架约束是指脚手架竖直构件和水平杆件与地基和水平向边界连接的支垫和固定装置。作为脚手架结构与边界条件之间的连接件，脚手架约束起到可靠地把结构荷载传递到边界的作用。如果脚手架约束存在质量隐患或不稳定，可能导致相关杆件失稳并引发连环失稳破坏。

采用垫块作为脚手架约束是常见的做法，这主要是因为脚手架杆件通常是细长杆件，没有垫块过渡，直接架设在地基或其他边界上容易造成刺入破坏；另一方面，脚手架构件达到设计位置或标高需要采用过渡垫片调节和调整尺寸并得以充分连接。在一些工程中，常常采用木楔来代替垫片打入脚手架端部以提高紧固度并实现尺寸微调，但是这种措施改变了垫块的约束能力，脚手架端部可能滑出而出现事故，应采用限位钉等加固楔形体以保障约束的可靠性。实践中，因楔块滑出而酿成工程事故的情况屡见不鲜，这与未能充分认识脚手架约束的问题有关系，也是轻视脚手架工程作为辅助工程和临时工程的重要性的结果。为了提高垫块约束的抗失稳能力，可以在垫块上设置地钉或搭设外部限位设施。

侧向约束是脚手架构件与侧边边界连接时的过渡件，通过它为斜撑和水平杆提供水平抗力。例如脚手架的连墙件就是脚手架与侧向墙体相连的侧向约束。当工程条件具有稳定的侧向边界时，设置水平向固定件连接斜撑或水平杆；但是自然条件下，一般不具备具有竖直边界的水平支撑条件，因此水平支撑约束往往还是通过水平地基连接件获得，也就是说通过具有水平力传递能力的固定装置将水平力传递到地基上。因此大多时候，水平约束需要打设足够长度的地钉或锚杆从而形成足够的水平承载力，必要时，可设计抗滑能力较强的基础或阻滑墙来提供水平抗力（见图 4.5）。

除了采用刚性构件与边界相连接之外，在有些条件下也可以采用柔性构件进行侧向约束和竖向约束。比如采用钢缆或其他材料缆绳与

图 4.5 斜撑侧向约束

较远端的侧向边界或地基抗滑桩连接以提供侧向水平抗力。柔性构件与刚性构件相比,设计使用性能是发挥其抗拉能力而不适用抗压能力,对构件的截面刚度没有特定要求,因而可以用较少的材料达到侧向约束抗力要求。但是,柔性构件这种特点也是其缺陷,一般只能靠对拉来提供可靠约束。如果缆索约束设置不平衡则有可能出现某方向上约束力弱或不能提供约束的情况。因此在布置柔性约束时,尽可能成对布置形成一对一的对拉;也可以在适合的条件下采用空间轴对称等分布置,以满足约束抗力均衡的条件。对于比较特殊的条件,采用柔性约束和刚性约束联合使用也可以达到提供良好的水平约束条件的目的。

单支脚手架和分布脚手架群均应验算地基承载力和沉降变形。单层或低层建筑脚手架竖向和水平向荷载不大,地基承载力容易满足要求;当脚手架荷载较大或者地基土较为软弱时,地基承载力不能满足要求,应当进行地基处理,必要时设计浅基础或深基础来保障承载能力。由于脚手架工程属于临时性辅助施工设施,进行地基处理时尽量不选用永久性改变的处理方案,但是能够利用工程桩或其他已建构筑物的情况除外。非永久性处理方法包括可回收木桩、钢管桩和型钢打入桩等等。

4.4 钢管脚手架

钢管脚手架特指ϕ48 mm×3.5 mm钢管(见图4.6)经直角扣件、旋转扣件和对接扣件(见图4.7)连接而成的具有支承能力的稳定的结构系统,用以辅助施工以提供承载施工期现浇构件、支承施工材料和设施、提供作用空间或平台等辅助功能的临时性结构。钢管材料强度高,具有较好的截面特性和轴心受压稳定性,与其他型材相比不具有方向选择性,使用方便灵活,通过裁切可以提供不同长度需要的杆件。这些平凡而又通用的普遍适用性使得钢管成为脚手架构件的不二选择,可以说钢管脚手架在当前的实践中占有九成以上的使用规模。我们国家早期并未统一钢管材料规格,并以ϕ51 mm钢管和ϕ48 mm钢管两种为主。但是在实践中自然地逐渐形成了统一选择,即ϕ48 mm×3.5 mm钢管。这种统一选择当然有其内在的因素,包括ϕ48 mm在人工操作过程中具有便利性,强度和刚度适宜,通过针对不同情况的组合设计可以满足绝大多数辅助施工需求。钢管材料统一同时带来很多好处,比如针对ϕ48 mm的扣件专门化可以提高作业质量和搭设拆除效率,脚手架材料具有极高的通用性提高了构件周转效率并降低使用或租用成本。

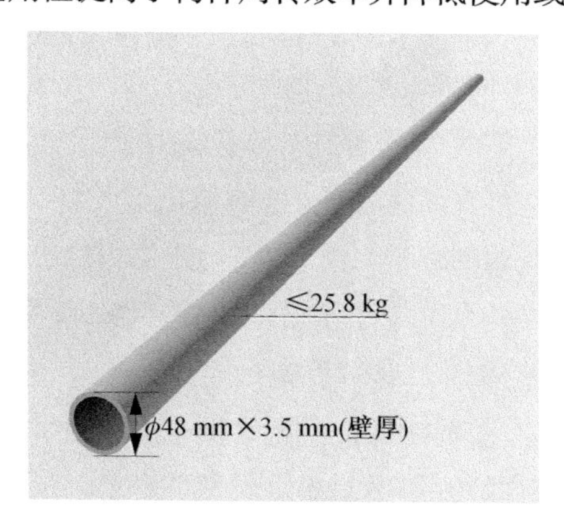

图4.6　通用钢管

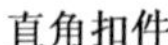

直角扣件　　旋转扣件　　对接扣件

图 4.7　通用钢管脚手架扣件

钢管脚手架不光在构件和配件上形成了高度统一性和通用性，脚手架的结构形式也有广泛推广的通用形式即双排脚手架结构。一般来说，单排脚手架可以节省一排竖立钢管搭设，但是单排脚手架需要与墙体等主体结构紧密相连，不仅给主体结构施工带来干扰甚至损害，也给脚手架本身留有连接隐患的可能。而双排脚手架自身具有较好的整体稳定性，通过与主体结构进行适当连接就可以形成可靠的结构体系，双排脚手架还可以灵活设置排间距提供更为可靠的作业空间。另外，与单排脚手架相比，双排脚手架本身具有结构对称性，减小了因为结构布置不对称对整体结构稳定性的影响。

双排脚手架立杆排间距称为排距，立杆水平间距称为间距，水平杆间距称为步距。立杆是主要竖向轴心受力构件，水平杆用以提高压杆稳定性和脚手架结构的整体性。合理布置排距、间距和步距组成双排脚手架，提供所需竖向承载力和作业辅助空间与平台是双排脚手架的主要设计内容。但是若以铰接连接简化双排脚手架横杆和立杆结构，其结构系统仍然是可变结构系统，这表明以通长杆件组成横杆和立杆的网格化结构是较弱的稳定系统，它抵抗水平力的能力较弱。因此，对于立杆和横杆组成的系统应增设横向斜杆和纵向斜撑（剪刀撑），从而提高结构体系的整体性。当脚手架和主体之间存在较为可靠的连接时，脚手架结构具有很好的抵抗横向水平力的能力，可以不设置横向斜杆；纵向斜撑（剪刀撑）的作用是提高结构抵抗纵向水平力或水平向变形的能力，而通常纵向水平作用都比较弱，因此纵向斜撑（剪刀撑）可以设置的较为稀疏。

满堂脚手架是排式脚手架的扩展形式，一般用于钢筋混凝土梁板现浇作用的竖向支承。基于相同的原因，应设置一定步距的水平杆，同时还应考虑设置双向斜撑(剪刀撑)，当某一方向水平向约束条件较好，能够提供足够的水平抗力，可以减少该方向上的斜撑(剪刀撑)或不设置斜撑(剪刀撑)；当某方向无水平约束能力或设置双向斜撑(剪刀撑)仍然不足以提供某方向水平抗力时，可以设置插入地基的临时短桩并通过外延斜撑提供水平承载力。

4.5 大型组装结构构件

采用加工程度更高、安装效率更高、结构性更好的构件可以实现更快速和标准化的施工技术和更加可靠的承载能力的临时结构构件。这一设计思想与普通钢管脚手架和组合钢模板相比，本来也是一脉相承的。因为脚手架技术的发展历程也正是沿着高质量、高效率和更高可靠性的发展方向不断进步的。普通钢管脚手架之所以成为脚手架构件的主流是因为钢管材料截面刚度较大而又没有方向选择性，适用于不同的工程条件，可以搭设不同承载力要求的脚手架结构。成品和半成品脚手架由于规制固定因而适用性下降，而在固定用途上功能性得到了加强。但是在本质上，这些技术的出现和发展仍然坚持了标准化和专业化的基本思想，是脚手架技术在不同使用需求方向上的分化。

与普通脚手架构件相比，制作装配性能更好的一维组装构件能够使它具有更高的安装效率和更好的空间结构性，例如空间桁架(网架)构件。一维构件以良好的强度和刚度，高度灵活的组合性，可以制作任意型制的空间结构形式，同时由于其一维性便于存储和运输，是不错的组装构件形式。但是，一维组装构件尺寸和规格固定，在普通脚手架中使用则会显得烦琐而又整体性不佳，这些特征限制了一维组装构件的应用。

贝雷片就是半成品构件的典型代表。它主要是通过刚架外框和内部斜撑构成刚度较大、承载力较高的平面半成品构件。它具有以下特点：1）贝雷片内部构件连接刚度大不易产生较大变形，因而具有较大的抗拉抗压和抗弯承载能力；2）区别于一维构件和三维构件，贝雷片是一种二维构件，这一特点使它既能够发挥更大的承载能力又能够进行叠放存储和运输；3）贝雷片组件安装具有标准化结构和连接件，可以拼接安装成为梁柱和其他各类空间刚架结构，从而把二维化构件组合成为三维构件，并最大程度地发挥它的高效和高承载力的特点。很显然，贝雷片结构可靠性和高效性远远大于一维构件和钢管构件，而二维化构造又保持了一维构件便于存储运输的优点。三维化的构件可以具有更好的空间刚度和承载能力，但是无法高密度存放，不利于规模化利用，在这一点上贝雷片具有一维和三维构件都不可比拟的优势。

三维构件如立方体构件等可以拥有比二维构件更高的可靠性和更高的承载能力，同时三维构件在安装上可以采用组砌安装方式从而具有由基础单元组装成为任意复杂结构的能力。但是三维构件在存储和运输上的不便利又降低了使用效率。因此，三维构件往往作为特殊构件使用，例如对承载力有特殊要求的场合，包括跨越、集中荷载、不方便作业的场合等等。

4.6 非标准件

非标准件是指不是通用场合下使用的通用构件。但是非标准件并不意味着只能使用一次或者独特制作用于指定工程的构件。非标准件与通用构件一样可以用于同类工程条件以承担该类有特殊需求或者特殊条件要求的工程场合。这样，非标准件在这些类似场合中也是可以重复使用的。

脚手架结构在遇到特殊情况需要应用非常规构件承担和传递荷载时，我们将为此非常规构件定制加工以达到设计要求，称这样的脚手架构件为非标准件。应用非标准件的情形大致概括为以下几种:承担大型荷载的构件;跨越特定障碍的构件;特殊形状的构件。

承担大型荷载的构件是施工过程中为了实现设计目标,面对较为复杂的工况时需要特别应对的较为特殊的荷载类型的构件。大型荷载可能是较大的轴力、剪力、弯矩、扭矩或是它们的组合等。承担大型竖向轴力传递的构件主要是以墩柱为主的结构形式,它能够以较大的承载力将竖向轴力以集中荷载的形式向下传递。当柱高较大时,需要考虑抗弯刚度较大的材料如型钢或钢管,或参与截面模量更大的格构柱以提高压杆稳定性。承担水平集中荷载的构件需要构件的基础部分具有足够的水平承载力,构件的连接或打入地基的部分也具有足够的水平承载力,需要综合考虑地基、基础和构件的相互作用来确定。大型弯剪荷载构件主要是梁柱等跨越构件,也可能出现纯剪或纯弯构件。弯剪构件和扭转承载力关键是截面承载力符合设计要求,因此合理地优化设计截面构造,是科学合理地实现经济技术指标的关键。综上所述,大型荷载构件是特殊制作的应对特殊荷载的整体式或组装式非标准化构件。这种非标准件在施工过程中的需求量不大,但是往往是为了解决一个较为关键的问题而使用的。因此非标准件往往需要针对性地设计制作和安装。

跨越特定障碍的构件是为了多工序交叉作业、保障空间交流通道、提高结构整体性等设计目的而采取特殊结构形式实现的非标准化构件。比较常见的跨越构件是梁柱构件,它们是为了提供足够的竖向和水平向空间而设置的承载件,事实上梁柱构件是通过转化荷载的传递路径从而营造设计空间的,它们没有消除荷载而是改变荷载传递的方式。有时遇有水电通讯等管线通路需要跨越,也采用管线穿越的方式,如在梁柱构造中设置保护性孔洞以利于管线穿越。有时为了能够跨越突出的、夹存的特殊构造而采用预留孔洞连接、弯曲、环绕等办法保障结构整体性,也是跨越型非标准件的可能形式。

特殊形状构件是指因满足特殊条件限制、特殊承载需要或特殊外观要求而设计制造外形独特、尺寸特殊的非标准化脚手架构件。包括承担特殊荷载的不规则定向构件，如需要特定方向加强的构件；如特殊表现力的外观脚手架，如球体等；特殊功能所要求的结构形式，如特定要求承载平台或有较高保护要求的围护结构等。

4.7 跨越大目标的脚手架结构

跨越河流、道路和其他设施的建筑物、桥梁等在施工中既可以采用跨越式的脚手架，也可以采用非跨越式的脚手架。对于可断流、断通的情况，或者可用导流、导通的办法解决施工影响的情况，采用排式或满堂脚手架具有承载力较高、安全性可控、成本较低等优点；对于不能断流、断通的情况，如重要航道、道路、铁路等设施，应当考虑采用合理形式的大跨度脚手架结构，在保障跨越设施正常工作的条件下进行工程施工。

实施断流、断通方案时，需要建设临时导流、导通设施，并满足结构安全性要求和设施功能性要求。断流、断通场地需要进行地基处理以基本满足脚手架搭设要求和其他施工要求。对于地基变异性较大和地貌有起伏的地基，应设置地连杆等底部固定措施以减小底脚滑脱失稳的风险，必要时可以搭设短桩等简易基础以提高承载力和稳定性。

跨越式脚手架是在不影响跨越目标正常工作的情况下，采用梁式、拱式、提吊构造等支承方案辅助施工的技术措施。在跨度不太大的情况下，采用组装脚手架构造达到设计承载力的梁(桥)并在跨越结构上进一步打设施工脚手架，是最常见的做法。组装脚手架构件规格清晰，采购存储运输便利，设计安装易于掌握，具有高效、安全、经济、便捷的优点。但是应当强调，采用组装梁板构造时仍然应充分考虑梁端支承、简易基础并验算地基承载力，否则容易酿成工程事故。跨越式脚手架也可以采用非标准件制作，甚至可以根据需要建设整体性更好的钢筋混凝土结构或钢结构临时支承设施。

当跨度太大或者高度太大无法采用普通脚手架或者跨越结构时，还可以考虑采用悬吊结构，例如通过临时塔架构建临时悬索桥架以提供辅助施工条件甚至进一步搭设脚手架支承设施。当悬吊结构存在摇摆等问题时可适当增加牵拉定位索，必要时可以采用张拉形成预应力，以减小变形量从而降低变形对施工的影响。

架桥机是综合了水平运输和跨越大目标的多功能机械设备，解决了水平运输、跨越较大跨距和就位安装等多个高难度工序的施工困难，是辅助施工发展的一个成功的技术创新。与传统跨越式结构相比，架桥机具有动力行走功能和适当的升降就位功能，加之人工智能技术的辅助可以达到高效率、高安全性和高精度施工的目标。架桥机的主要控制性技术一般是通过多套梁系统实现跨越跨距的，例如由导梁行走到预定跨度并就位，再由工作梁负载目标构件行走就位实现辅助安装目标，导梁和工作梁在时间和空间上需要密切配合完成跨距跨越和构建就位安装。架桥机需要动力设备和自动控制设备帮助完成设定工作任务，又需要高度的可控性以完成较高难度的辅助施工动作。可以说，架桥机技术是现代施工辅助技术发展的集大成者。

4.8 水上施工与提吊施工技术

水上施工是水利工程中容易遇到的情况。与围堰截流施工方案相比，水上施工可以在不断流及不断航的情况下实现工程施工良好的社会效益。同时水上施工还可能是经济的、合理的方案，这是因为水上施工省却了围堰导流等复杂的处置方案，对于工程施工较为简便的情况能够达到既保障效力又节省造价的目的。

打设临时桩基作为上部结构施工的基础是水上施工的一个重要可选项。因为有可靠的水下基础作为支承，上部脚手架搭设才能有稳定的前提。临时桩基需要具备基本的条件，一是水下基础打设不影响过流和通航等保障目的，比如采用部分断面布置水下临时桩基，对过流影响小，通航无要求或者能够达到最低要求；另一个重要的条件是水文地质条件和施工技术符合水下桩基打设的需要，即在现有条件下能够经济合理地完成桩基打设任务。前者是要保障基本过流或通航功能，如果水下施工或者施工完成后严重影响设计保障目标，则应当放弃此方案；后者是指技术、经济条件许可，包括水深、水流速度、地质条件和现有施工技术等综合因素下桩基施工达到经济可行的条件，如果水深过大难以施工、代价太大、施工技术不可靠难以完成、地质条件不能胜任设计要求，或者耗费太高无法完成则不能选择此方案。

水上坞式施工是重要的辅助施工技术。由于坞式施工不需要水下作业，可以按要求拖行和定位，同时具有安全稳定性和灵活性的优点。但是坞式施工也有显著的缺点，一个是水流冲击会摇晃船坞，另一个是水位变化会引起船坞起伏。因此在水位和水流变化不大的河道或其他水面上施工，船坞可以提供较好的稳定性和较好的固定效果。也可以通过船坞限位桩来减小船坞摇晃程度，还可以采用深锚技术设置预锚力来减小微小水位变动带来的起伏。总的来说，坞式施工更适用于吊装、安装等辅助作业，对于需要更高的稳定性条件的混凝土构件浇筑支承不是理想的方案，除非在较为平静的水面，并进行水平和竖向限位处置的情况下，可以考虑选择坞式施工作为稳定性要求较高的施工措施。

另一种水上辅助施工技术是船舶提吊技术。采用一只或多只驳船提供提升吊装辅助，通过吊点和控制点牵拉和固定来帮助构件就位或者装配。船舶提吊辅助施工比较适合成品构建吊装和装配作业，对稳定性要求较高的情况适应性较差。另外，该技术受天气、水文条件影响较大，具有一定的不可控性，因此需要选择适宜的季节、气候条件等有利工况，做好突发情况应对预案，确保施工过程的可控性。

5 水工建筑物模板脚手架工程的安全性

因为模板脚手架工程是临时性辅助施工设施，其安全性在相当长的时期里在某种程度上受到忽视。从设计到施工再到安全管理的各个环节均存在不容忽视的安全问题。但是另一方面，模板脚手架工程出现安全事故所带来的损害却一点也不亚于其他类型的工程事故。因为模板脚手架事故发生于施工期间，往往会产生较大范围的影响，甚至带来严重的生命财产损失。而模板脚手架事故也必然会影响在建工程的工程质量和工期，并形成一定的社会影响。因此，模板脚手架工程的安全性在现代水利工程施工中逐渐受到了重视，甚至施工安全性已经逐渐成为建设施工的准入门槛。

水工建筑物模板脚手架工程的安全性取决于设计、施工、运行等每一个执行环节，也取决于设计原则、检查与验收、安全巡查和险情预警与处置等管理环节。模板脚手架工程的安全性往往因为其临时性和辅助性设施的性质而被忽视或俭省，但是屡见不鲜的工程问题和工程事故也不断地提醒我们，建立科学的、先进的模板脚手架理论体系和管理体系是现代水利工程施工技术发展的必然。

5.1 水工模板脚手架工程事故原因分析

我国改革开放以来，模板脚手架工程经历了从粗放式的阶段逐渐发展到安全高效的新的阶段，但各类模板脚手架工程事故仍时有发生。2000 年以前，模板脚手架工程事故的主要原因往往可归结为技术较为落后，如木竹模板架材料变异性大、绑扎不牢等因素导致结构可靠性差，安全风险高；新世纪以来，模板脚手架工程走向专业化和规范化的发展方向，但是建设规模和建设难度也不断提升，出现了很多高难度和高风险的工程建设；模板脚手架工程因其辅助性和临时性特征总是时常会受到轻视和忽视，在全生命周期的安全性管理应当提升到更高的高度。我们把模板脚手架工程事故原因概括为以下几个方面：

（1）专业化和规范化原则执行偏颇

模板脚手架作为辅助施工设施，只在施工过程中发挥作用，施工完成后即需拆除。这些辅助设施不会成为建筑主体的一部分也不会影响建筑主体功能的发挥。因此在实践中，模板脚手架工程被视为姑且权宜的处置措施，在材料使用、技术贯彻上较为马虎；对于较为特殊的情形缺少针对性的考虑，往往依靠经验和习惯以减少工作环节、提高运转效率；构件和配件的检查、保养、修复等环节不受重视，使得实际使用的工作构件和配件存在缺陷甚至有安全隐患。

技术培训和专业训练中的缺失。工作中容易把技术熟练和训练视为提升工作效率和提高经济效益的内容，根本忽视技术培训和专业训练是模板脚手架工程制作安装质量的根本保障，也是模板脚手架工程安全性的最核心内容。俗话说，慢工出细活。提高效率有时候未必能提高建设施工的整体效益。如果因为强调局部效率和效益而损害施工质量和安全性，则会让工程施工出现更大的隐患和风险。

（2）检查验收环节粗糙

模板脚手架工程是完整的承载结构体系，搭设工序完成后应进行质量安全检查验收。不仅要检查外观质量和尺寸偏差，更重要的是检查验收结构安全性。材料和构件布置等主要参数检查是结构安全性的主要方面，同时也不能忽视配件安装质量、边界约束可靠性、地基承载力等相关安全性问题。也就是说，在模板脚手架工程验收环节，应进行全结构的系统性检查，而不是停留在表观形象和清点部件。具体说来，应从设计、施工和管理等各个环节考虑设置验收内容和标准，深入考察了解施工荷载的设计值和荷载组合及具体施工过程的对应情况;考察构件和配件承载能力;考察构件和配件的保养和修复质量;考察施工管理是否存在风险,并应有应急处置方案。在实践中,模板脚手架验收与主体工程验收相比容易流于形式,忽视了模板脚手架工程本身是重要的结构体系并承担重要的结构和施工荷载。

(3) 动态管理缺失

模板脚手架工程辅助施工是一个复杂的动态过程。施工过程中,建筑主体、模板脚手架结构体系、荷载和作业都是动态变化的,需要对设计、施工、运行和拆除各个工序进行动态管理,保障模板脚手架结构安全性,规范施工流程,避免可能风险,及时发现问题。动态管理缺失,会形成隐患,并可能成为事故的诱因。比如工程施工工序交叉,作业影响比较繁杂,可能存在碰撞或者意外而影响到模板脚手架结构;施工中可能出现偶然荷载或失误操作影响到模板脚手架工程安全性;因为模板脚手架结构系统是装配类型结构,可能存在滑脱、松扣等失效风险;施工人员或单位违反规范或规定所带来的安全风险;因设计深度或系统性不足而出现较大变形或局部失稳等隐患。

(4) 过于强调效益而忽视科学性

强调节约成本和压缩工期等急功近利的思想常常在各类建设工程中发生,模板脚手架工程容易成为这种不讲科学行为的重灾区。反映在实践中,表现为不重视模板脚手架工程设计,不重视模板工、架子工的专业技能培养,不重视标准化和规范化的构配件购置、保存和维护,不重视试验和检查验收,不认为模板脚手架结构是与其他结构构造一样的承载体系需要科学设计、施工和管理;有时存在不合理的限时赶工的安排,造成作业动作不到位或者不落实,严重影响工作质量;脚手架使用人员不了解脚手架结构特性产生误操作或超过安全范围的作业幅度等;把模板脚手架拆除看作是破坏性的行为,忽视结构拆除的科学性和安全性。

(5) 忽视研究和创新

模板脚手架工程施工技术和安全性在很多时候容易被视为老生常谈的常规作业。即使是遇到新问题或者难点热点问题,也很难从技术研究和技术创新的角度去分析解决问题。事实上,我国基本建设规模不断扩大,基本建设形式和水平也在不断提升。大批新型的、高复杂性和高难度的大工程不断涌现,这些工程推动了我国基建水平不断向国际高水平发展的同时,也倒逼我们通过新技术研究和技术创新解决不断出现的工程问题,引领施工技术进步。如果我们一直躺在过去所取得的成绩上不思进取,或者轻视研究和创新的重要性,那么就会出现面对新情况和新问题而不知难,存在问题和毛病而不知险的困境。直到这些问题和困难集中爆发而酿成重大的事故和损失,则为时已晚。

5.2 水工模板脚手架工程设计中的安全性目标

在讨论脚手架结构简化模型的时候,我们先讨论一下装配式钢管脚手架构件和配件。扣件连接性能介于刚接和铰接之间,如果假设为刚接则夸大了连接性能,如果假设为铰接是偏保守的,后者似乎是可以接受的但是并不显得更为科学。另外,钢管长度可以采用3 m、6 m、9 m、12 m 等不同规格或经裁断用于立杆和横杆,在连接节点上具有一定的抗弯能力,而不同于完全铰接的连接。

当我们设计网格式的脚手架结构体系时,如果不设置斜杆,则由横杆和立杆经铰接连接的结构体系为几何可变体系,显然几何可变的脚手架体系是不可接受的。但是基于前面的讨论,连接节点具有刚接特征而通长杆在节点上具有抗弯能力,那么不设斜杆的网格脚手架体系也不是真正意义上的几何可变体系。但是我们也不能简单地把它视为几何不变系,这是由于装配式连接的脚手架节点连接仍然达不到完全刚性。另外,我们在前文中也提到了,对于四边形框格的几何可变性,只需要在具有自由度的约束上增加铰接连接就可以改变几何可变系为几何不变系。在操作中，如果侧向约束不够强，则这种不变系的可靠性仍然较弱，而反之如果侧向约束够强则几何不变性也就非常可靠。

对于扣件连接，合理的做法是把它看作是较弱的几何不变体系，即该体系承受水平力或水平变形能力较弱。因此我们需要考虑设置斜撑或剪刀撑来加强几何不变性。但是我们清楚知道，大多情况下，水平作用如水平荷载很小，因此考虑设置斜撑时不必设置过于密集，可采用稀疏的通长斜撑；只有当水平作用较强时才需要考虑布置较为密集的斜撑。

轴线受压杆件的承载力不仅与截面强度有关，还与压杆稳定性有关。根据欧拉公式，压杆屈曲的极限承载力与长细比有关，长细比是指压杆计算长度与截面惯性半径的比值。压杆计算长度与端部约束的情况有关，当两端为铰接时计算长度等于压杆节点跨间长度；当端部约束强于铰接连接时计算长度小于跨间长度，例如两端固定压杆计算长度为跨间长度一半；当端部约束弱于铰接连接时计算长度大于跨间长度，例如一端固定时计算长度为跨间长度二倍。当端部约束既不是固定约束又不是铰接约束时，压杆计算长度的确定就没有可供参照的公式。扣件连接钢管脚手架就是比较复杂的情况，一是扣件连接接近于刚性连接，但是扣件属于装配式安装，存在一定自由度，在简化计算中将其视为铰接是偏保守的估算，但是在压杆稳定计算中仍然按照铰接考虑则不正确；二是脚手架纵向长度较大时，水平杆连接可以看作是水平约束，但是这种约束是存在可能位移的不完全约束；三是单双排脚手架采用连墙件可能采用二步三跨或者三步三跨等连接布置，其约束性质更为复杂。规范中采用了经验系数的办法估算脚手架计算长度是综合考虑装配式脚手架约束特点、承载力试验和实践经验的一种解决办法，具有既简单易于执行，又留有安全储备的特点。但是如果错误地理解规范公式，在设计和施工中不能正确地落实设计原则和施工规范，则可能造成巨大的隐患或者导致工程事故。例如，错把实际长度当作计算长度导致计算错误也可能导致受压稳定性不足的问题；有的单位低估了单双排脚手架连墙件的重要性，少打甚至不打连墙件，那么在垂直墙面方向上压杆稳定性将大幅下降，容易酿成工程事故；有的工程中，采用楔形垫块而不钉牢，不设置底部横杆，这都将较大地削弱底部约束，在局部或较大范围形成薄弱环节。

5.3 模板脚手架工程搭设与拆除的安全性

模板脚手架工程搭设与拆除是模板脚手架正式工作前后的两道重要的工序，也是容易发生安全问题的工序，因为搭设工序和拆除工序分别对应着从无到有和从有到无，是结构系统处于不健全的过程。在这两道工序中作业面临承载力不完整和结构构件连接不牢等高风险局面。在模板脚手架搭设和拆除工序中，涉及材料、构件、配件、运输、机械、人员防护、作业衔接和流程管理等众多环节，既要重视质量，又要考虑效率。所有这些方面都必须在安全可控的条件下进行。可以说，作业和产品安全性是模板脚手架搭设和拆除过程中的中心问题。这是因为这两个互逆工序本身属于高风险作业工序，本身存在安全隐患和作业难度；另外，这两项工序中安全保护效果不健全，结构本身安全度低，可靠性差；当出现操作失误甚至引发事故时对整个工程施工都会造成不良影响。因此，模板脚手架的搭设和拆除工序应遵循科学性和可操作性工作原则，依靠专业化和规范化的组织原则开展组织有序、条理清晰的工序作业，坚持把安全性作为模板脚手架工程搭设和拆除工序的重要目标。

5.3.1 模板脚手架工程搭设原则

（1）施工许可原则

实施施工许可制度是模板脚手架工程专业化和规范化的关键，就是将人员技术素养、材料和设备、施工技术方案和安全施工管理等各个环节通过许可制度进行合理地组织控制，保障施工安全性和施工工作效率。这些审批许可事项包括以下一些方面：

上岗证审查制度：确保作业人员经过必要的岗前培训，具备基本的安全作业观念和技能，能够处置常见的问题，能够提供高效和高水平作业质量。

材料验收制度：建立构件、配件和其他材料合格证制度和抽检制度。建立材料购置、运输保存、维护保养等各个环节的封闭性管理制度，确保质量安全可追溯。

技术交底制度：每一次作业需要进行班组技术交底，明确当次作业工作任务的重点难点，重视作业安全环节和保障措施。

测量放样制度：准确进行测量放样是实现设计方案的基本前提。按照控制点和控制轴线等方法进行适当的放样精度控制。正确处理不同精度要求的放样控制，例如模板轴线和尺寸放样精度直接控制主体结构制作精度，其要求一般高于脚手架等支撑杆件的放样精度。

安全保护制度：针对工序的安全性等级，采取必要的安全保护措施。对于普通安全性措施不能保障安全施工时，应针对具体工程条件建立安全保护条件。

(2) 稳定结构原则

模板脚手架搭设时，需要遵循科学合理的搭设次序才能保证搭设作用的安全性和可行性。我们可以设计各类安全可行的搭设方案，但是归根结底需要遵循稳定结构原则，就是每一次作业起始于稳定结构，每一次作业完成后形成稳定结构。稳定结构这一搭设原则就是期望模板脚手架搭设作业始终处在安全可靠的条件下，并始终保持已完成部分是安全稳定的结构。

实现稳定结构原则可以采用多种技术原则和方法。比如先下后上原则是利用结构荷载主要来自重力或与重力有关的荷载传递，从基础开始逐次搭设易于合理控制荷载分布和约束控制；先主后次原则是先完成主要部分结构再进行外围辅助部分，易于进行总体性的控制；结构不变性控制原则是遵循结构力学的基本原理，在已有静定结构上增设结构构件时确保连接约束复合结构不变性原则；辅助保护原则是当遇有特殊情况，当次施工存在不能确保稳定结构的情况，需要进行临时牵拉支撑固定等支持性的辅助，以确保施工的安全性和可操作性。

(3) 旁站监理原则

模板脚手架搭设施工过程是复杂的动态过程，施工现场是多工种协调工作的场合，不仅需要人员设备材料的高度协同，更需要严密流畅的组织管理体系，保障施工中的各个环节始终处于受控状态，减少意外情况发生。旁站监理就是十分重要的组织管理措施。依靠一定力量的旁站监理，可以时刻监督每一道工序落实情况；及时纠正不规范操作或业已形成的安全隐患；及时发现未能预料的情况和问题，并提出改进的意见和建议，甚至作出停工整顿的决定。

5.3.2 模板脚手架工程拆除原则

(1) 逆序原则

逆序原则是指采用与建设工序相反的次序开展拆除作业，由于是建立在搭设作业安全可行的基础之上，因而能够保证拆除作业的安全性和可行性。逆序原则是很多结构拆除或返工作业最为常用的施工作业原则，具有安全可靠和操作简单易行的特点。在众多可行的方案中，逆序拆除方案相当于经过了一次实验验证的方案，它的安全性和可行性都已经由搭设过程予以实施并完成，每一步工作安全性都对应于搭设施工工序。可以说，逆序施工是最廉价、最可靠的拆除作业方法。

有时逆序方案也会遇到困难。首先，先前搭设过程并不一定能够准确记录或再现，这是因为搭设过程往往过于琐碎和繁杂，完全实现逆序几乎不可能；其次，施工过程中结构可能产生变化或者变形甚至破坏，逆序并不总是能够具有可行性；再次，拆除作业本身往往具有破坏性，结构的可靠性可能会逐步下降，这也可能使得逆序作业具有不完全性。

(2) 不可变结构系原则

逆序方案并非安全拆除的唯一途径，我们并不总能够采取逆序方案拆除。事实上，进行安全拆除的关键是始终保持剩余部分结构在现有荷载条件下未达到承载能力极限状态。而大多模板脚手架拆除时，由于主体结构承载能力逐步上升，分担了原本需要模板脚手架等临时结构承担的荷载；另外主体结构强度增加在一定程度上提高了模板脚手架结构的承载力水平。因此只要在拆除过程中不触及要害便能较为容易地控制剩余部分结构处于安全状态。一般来说，最重要的安全原则是保持剩余结构处于不可变结构系状态。

不可变结构系的根本原因是结构系的约束条件不低于静定结构的要求。因此，选择拆除方向或者当次拆除目标的本质是选择拆除约束条件。我们可以将拆除构件和拆除约束看作是剩余结构的"约束条件"，如果拆除该"约束条件"剩余结构仍然保持不可变性则当次拆除是安全的；否则，当次拆除不安全。我们可以将构件拆除形象地比喻为拆火柴棒游戏，每次移除杂乱堆放的火柴棒中一根或多根而不引起其他火柴棒移动或整体坍塌，直至游戏结束。模板脚手架工程安全拆除就是要像拆火柴棒游戏一样，每一个步骤都需要精心安排和周密布置以确保安全。

(3) 附加约束原则

有时我们无法实现剩余结构的不可变性，或者存在较大的困难，那么就需要通过增加约束的办法来支承或保护剩余结构，留待合适时机拆除附加约束。但是总体上来说，增加约束的措施与结构拆除的性质是相反的，表面上不但没有拆反而增加构件。因此，采用附加约束往往是在少数情况下，不得不用时才会考虑。例如拆除某一方向约束后结构系在该方向具有可变性，那么可以在此方向上设置临时牵拉或者支撑，待主体荷载拆卸后解除临时约束。事实上，模板脚手架拆除过程中，或多或少会需要一些临时牵拉或支撑的情况，甚至有时附加约束只是为了提高安全性降低风险的措施而已。

（4）破坏性原则

如果模板脚手架等临时设施的拆除并不需要保持构件的完整性，我们可以采用更为直接的方案，即破坏性方案。在保障主体结构的安全性条件下，不顾及临时设施失稳坍塌或变形破坏等后果，可以提高拆除效率、节约成本。一般可以通过拆除关键约束形成结构可变性来诱导结构坍塌；也可以施以外力产生结构失稳坍塌的效果；环境条件允许时，也可以采用爆破等破坏性手段辅助拆除。

5.4 现场荷载试验

模板脚手架结构体系的力学计算是采用一定的简化模型进行结构计算以保障结构内力处于承载能力极限状态之下。一些简化方法低于实际约束能力，是偏保守的，例如扣件连接具有一定的刚性连接性能，作铰接连接的简化实际上弱化了这种连接状态；另外，也存在高估结构承载力的可能，例如扣件采用装配方法连接，存在安装间隙和微小自由度，甚至可能出现扣件失效或安装不牢的情况而形成薄弱环节。总的来说，模板脚手架结构的实际情况和理论计算总是存在不小的差异，形成了一定程度的安全风险。随着各类模板脚手架工程事故的不断出现而使得这一风险得到更多的重视。解决这个问题的重要办法就是采用结构试验验证理论计算模型和了解模板脚手架体系实际受力情况。

通过荷载试验可以准确地了解结构内力的分布状况和变形的发展情况。如果简化计算模型与实际情况出入太大，那么在荷载试验中就能够得到与计算结果不一致的试验数据；但是还是会有更为复杂的情况，例如以竖向荷载和立杆传递竖向力的结构体系中，无论杆件节点是固接还是铰接，所得的杆件内力都是接近的，因此需要特殊的加载设计才能得到需要的试验结论；把荷载试验作为重要工程中模板脚手架结构检查验收的一个环节是可靠的保障方法，只要在设计荷载或者加大设计荷载条件下结构的变形和破坏情况是在允许值范围内，那么该结构就可以被认为能够胜任本工程的施工任务。当然，采用荷载试验的方法进行检查验收要付出成本和工期方面的较为高昂的代价，在大多数工程中并不是适宜的。如果通过更合理的计算方法和设计方法，在没有太大的成本增加的情况下设计出安全可靠的模板脚手架结构体系，那么这将在大多数工程中更受欢迎。

模板脚手架工程的荷载试验可以分为实验性试验和工程检验性试验两种。前者是指在专门在用于研究的结构上进行破坏性试验以充分了解结构的极限承载力；后者是在实际工程模板脚手架结构上进行加载试验，一般不做破坏性试验，只要保障结构在设计荷载下的安全性就可以了。

进行模板脚手架工程荷载试验时，需要布置系统的观测和测试来反映结构在荷载作用下的内力保护和变形发展规律。这些观测和测试数据总体来说分为两大类，即内力观测和变形观测。内力观测包括轴力、弯矩、剪力等多种应力观测；变形观测包括正应变、剪应变以及水平和竖直位移观测。

进行破坏性试验时，以出现构件破坏、结构屈曲失稳和大变形等作为结构整体破坏的标志而结束试验；而进行实际结构验证性试验时则需要周密布置观测和反馈，尽量保障结构不发生破坏以利于施工的继续进行，一方面可以通过控制变形发展随时终止试验，另一方面可以通过控制加载量不超过设计荷载的100%或120%来保障结构不达到极限状态。这样，如果结构在设计荷载或者校核荷载下仍然保持结构稳定性，说明结构系能够承担设计荷载，是达到设计要求的，否则需要重新设计或加固。研究性的试验一般是为了完成系统的研究方案并得到预期结论，因此并不是广泛开展的试验；实际结构验证性的试验则是在现场实际工程中开展的试验，需要耗费成本和工期，也同样不适用于广泛地开展。看起来结构检验性试验似乎没有完全测试出结构受力特征和承载力情况，是不完全的试验。它的结果一般只能说明在该工程条件下的安全性，而不能证明结构的最大承载能力。但是，该试验对于对应的工程是足够充分的，这就达到了试验目的。当然，试验目标的全面性和精确性也正是模板脚手架工程安全性、精确性研究工作进展的困扰和难点，探索更为简单易行的结构试验或验证方法也是我们期待的前景。

试验数据是在整个动态的试验过程中不断产生和反馈的试验结果信息。如何正确地、及时地进行数据分析并反馈试验本身以及最终得到科学可靠的试验结论在整个试验中占有十分重要的地位。试验数据是反映结构构件工作的应力应变状态的直接参数，我们可以通过试验数据反演结构材料参数和变形规律，也可以用试验数据来验证计算模型的假定是否准确可靠。但是事实上，我们采用的结构构件和材料一般并不需要在这些试验中进行研究，而计算模型的准确性和正确性却并不容易直接进行判断。有时我们甚至只能得出定性的结论，比如在设计的极限荷载下结构未进入极限状态从而说明简化计算模型是偏保守的，这样的结论当然有意义，但是我们却不能得到关于结构的真实情况的确切结论。这也是模板脚手架结构试验的难点和无奈之处。

对于模板脚手架工程来说，真正的研究和试验的难点是扣件连接刚度的参数的获取。我们可以利用实验数据进行参数反演以获得扣件连接刚度，但是这要有一个前提，就是我们必须首先建立考虑节点连接刚度的结构力学理论和对应的计算方法和计算程序。这种方法我们在本书的其他章节中也进行了更为充分的讨论，但是距离实际应用仍然有很多工作需要去做。由此可见，目前已经开展了的关于模板脚手架结构性的研究性的试验仍然处在一个不太理想的水平上，试验结论仍然不能得到关于模板脚手架计算模型的完全确定性的结论。如果按照本节讨论的方法继续开展深入研究，则是一个可行的研究方向，可以期待在不久的将来把模板脚手架结构计算提升到一个更高的水平。

5.5 检查与巡查

检查和验收环节是保障模板脚手架工程结构性能符合设计要求，并能提供施工辅助功能的关键环节。安全巡查是在脚手架搭设、使用和拆除环节安排的动态监督检查的保障措施，目的是保障在这些实施过程中的施工操作专业性、施工荷载规范性、结构运行安全性。之所以要设置检查验收环节和安全巡查这样的因应措施是因为模板脚手架工程作为临时性的施工辅助设施，其结构可靠性弱于永久性的工程设施，例如扣件安装的质量、端部约束的可靠性、斜撑设置的规范性等等，都将影响整体结构承载能力和抗风险能力，设置检查验收环节能够充分了解模板脚手架搭设安装的质量和可靠性，有利于评估结构的安全性和功能性是否满足设计和施工需要；施工过程是多工种交叉的复杂工序实施过程，施工扰动或施工荷载超越都可能引起结构可靠性下降甚至出现临时险情，建立全生命周期动态巡查制度能够及时发现潜在问题，遏制已经存在或者发展的隐患，纠正不正确操作可能带来的不利影响。

模板脚手架工程的检查验收应设置科学合理的检查验收项目，既能满足评估和评价要求又具有高度的可执行性和检验效率。从方法上来说，检验项目应包括表观观察和观测项目以及原位或取样进行实验检测这两大类。从检查验收和安全巡查的目的来说，通过切实可行的检查检验方法可以剔除因老化、生锈、损坏和变形等丧失功能和承载力的构件、扣件以及其他相关配件等；发现不符合设计的结构布置和构件选用；发现因操作不正确导致安装紧固度和可靠性差而可能引起安全隐患的情况；发现具有重大隐患的环境条件，如外部干扰或者可能的碰撞风险。通过检查验收和安全巡查发现的问题和安全隐患应制订处置和纠正方案，并在整改完成后安排验收。

表观观察是有经验的技术人员对结构进行全面地巡视观察，能够迅速地对验收结构进行整体的生动形象的了解。依靠高水平技术人员的业务能力能够发现实际工程结构中存在的不规范、不正确的处置，发现未按设计完成的结构搭设和安装，指出因疏漏或过失形成的重要安全隐患，并提出意见和建议。观测项目是指按照规定的允许范围，检查结构的尺寸、定位和相对关系是否符合要求。一般需要对观测项目实施抽样检查，并通过专业的检测手段来得到观测数据，例如采用量尺量测构件尺寸、模板放样尺寸，利用视准线等方法量测垂直度，利用全站仪等验算控制坐标等，当然也需要通过计数等方法检查设计执行情况。

试验检测往往是对材料或构件的物理力学性能进行检测，以保障结构构件和所用材料符合设计要求，并提供可靠的结构构造等功能。进行试验检测的抽样检测数量应符合规范要求。采用现场检测方法时，需要通过适当的现场实验设备进行，如进行现场荷载实验等；需要取样进行实验室试验时，一般需要在施工过程中抽检检验试样；如果必须要在实际结构上取样，则必须有必要的恢复和保障措施。

有些检查和验收项目可以通过建立出厂合格证制度等方式由生产厂家或经销商等提供构件或材料性能质量保障。合格证制度可以简化和转移检查验收环节，提高检验效率和降低成本，是很多检测项目中可以推广使用的方法。

安全巡查是安排专门的技术人员在模板脚手架工程搭设安装阶段、施工阶段和拆除阶段全生命周期实施现场巡查的安全保障措施。具有丰富工程经验的巡查人员，能够敏锐地觉察结构搭设中的不规范操作、构件或材料隐患和其他潜在风险；能够通过观察模板脚手架结构工作状态，发现异常变形或破坏信号；及时发现不规范的操作可能导致意外荷载、撞击等结构损害因素，并及时纠正或整改；发现在前期的设计、施工等过程中不能预料的问题、困难或事故风险因素，并能够结合现场条件迅速处置，减小安全风险或降低事故损失；在特殊的工作阶段例如关键点或者难点构件搭设、大规模荷载加载或重要部件拆除的高风险环节，安排加强现场巡视或旁站监督管理能够更具有针对性地进行精准的安全风险控制，为工程整体安全性提供重要保障。

作为智能化和智慧化生产的一个方向，模板脚手架工程的智能化和智慧化是将来施工技术进步的一个重要方向。建立动态监测和可视化施工管理系统可以为模板脚手架工程的检查验收和安全巡查提供重要的辅助。动态监测可以动态记录施工过程和加载过程中结构变形和结构内力变化，发现结构隐患和可能存在的结构安全风险；对于存在重大风险和超过内力和变形允许值的具有失事可能性的重大险情，提出提前预警，并给出结构内力和变形发展状况和风险评价，为及时正确地做出应急处置响应提供参考。

6 模板脚手架工程管理和检查验收

6.1 模板脚手架工程管理制度

(1) 目的

为加强水利水电工程项目模板脚手架工程的安全管理,建立长效机制,做到技术先进、经济合理、安全适用,切实防止和减少脚手架工程安全事故,特制定本制度。

(2) 范围

本制度适用于水利水电工程模板脚手架搭设(拆除)、使用管理。

(3) 职责

① 单位总工程师负责批准大型脚手架、承重脚手架、特殊形式脚手架安装(拆除)专项施工方案。

② 工程部审核大型脚手架、承重脚手架、特殊形式脚手架安装(拆除)专项施工方案;负责组织召开专家论证会,对大型脚手架、承重脚手架、特殊形式脚手架搭设(拆除)专项方案论证。

③ 安全监督部负责对脚手架安装(拆除)专项施工方案执行情况监督检查。

④ 项目总工程师组织编写大型脚手架、承重脚手架、特殊形式脚手架安装(拆除)专项施工方案;负责审批一般脚手架安装(拆除)专项施工方案。

⑤ 项目部技术部门负责编写一般脚手架安装(拆除)专项施工方案。

(4) 本制度依据的流程

一般脚手架搭设(拆除)、使用管理流程图见图 6.1。

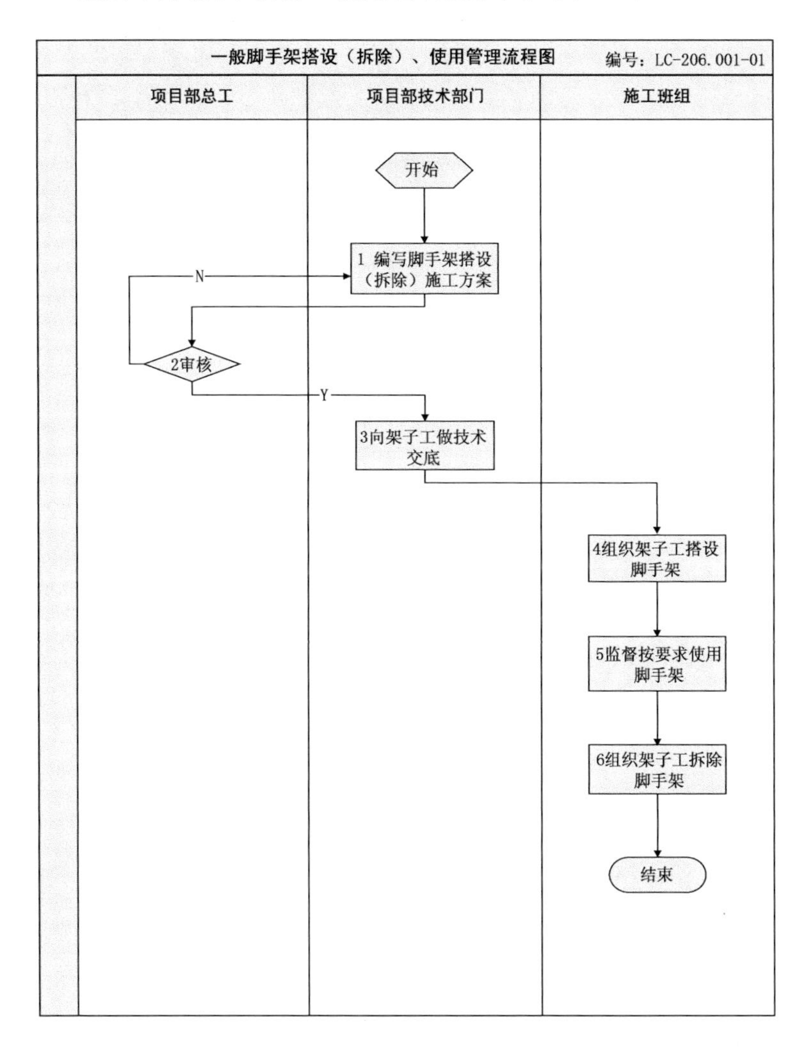

图 6.1　一般脚手架搭设(拆除)、使用管理流程图

大型施工脚手架等搭设(拆除)、使用管理流程图见图 6.2。

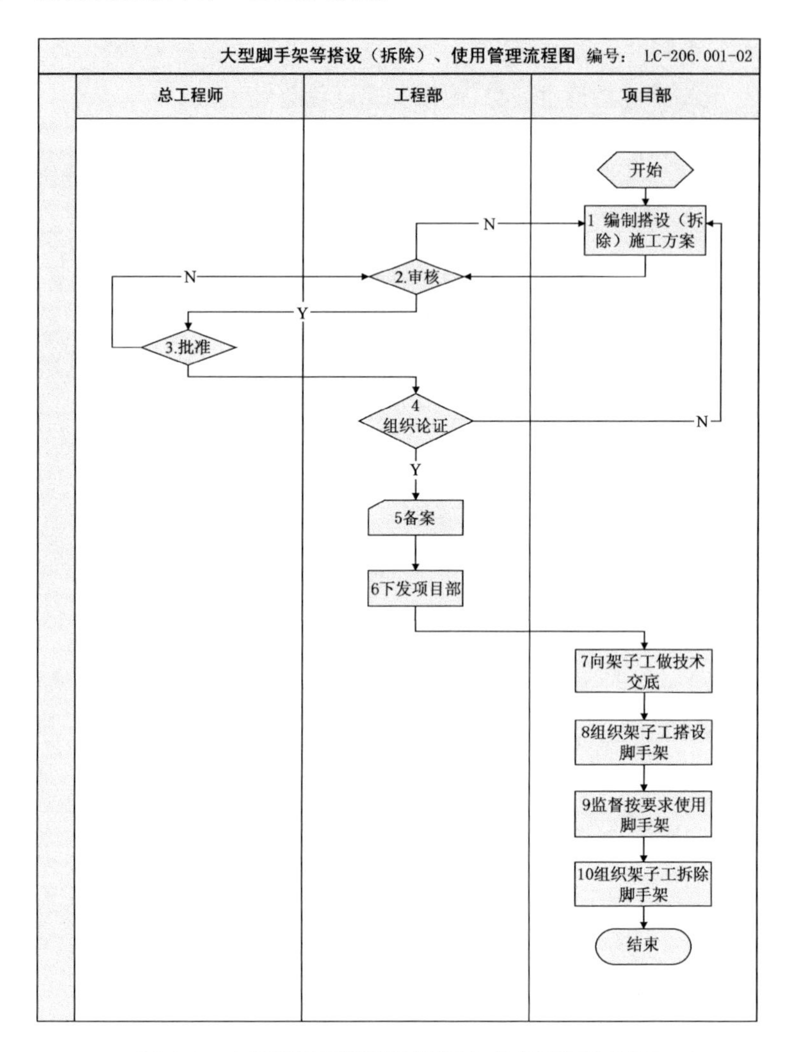

图 6.2 大型脚手架等搭设(拆除)、使用管理流程图

(5) 总要求

① 一般脚手架搭设之前,由项目部技术负责人进行设计,并编制搭设(拆除)方案;大型脚手架、承重脚手架、特殊形式脚手架须由具备专业资质的设计单位进行专门设计,编制搭设(拆除)方案,进行论证。

② 方案内容应包括：基础处理、搭设要求、杆件间及连墙杆设置位置、连接方法、绘制施工详图及大样图。

③ 设计方案实施前应履行审批手续。

④ 脚手架的搭设、拆卸人员必须严格遵守现场安全纪律，正确使用好个人安全防护用具。严禁酒后作业。

⑤ 搭、拆脚手架人员属特殊工种人员，必须是经体检合格和持有架子工或登高作业操作证及安全考试合格的人员，且必须在项目安全部门备案。

⑥ 脚手架的搭设、拆卸必须按规范、规程操作，严禁违章野蛮作业。

⑦ 脚手架应根据工程需要按设计搭设。搭、拆脚手架的材料应随用随运，并应分类堆放，码放整齐，做到文明施工。

⑧ 脚手架的立杆承载力在 15～20 kN(设计值)之间，满堂架立杆承载力可达 30 kN，超过其设计值的脚手架或形式特殊的脚手架应进行设计，并经项目部总工批准后方可搭设。

⑨ 脚手架搭设后必须经过安全、施工及使用部门验收合格并挂牌后方可交付使用，使用中应定期检查和维护。

⑩ 大雾及雨、雪天气和六级以上风时，不得进行脚手架上的高空作业。雨、雪天后作业，必须采取安全防滑措施。

⑪ 搭设、拆卸和使用脚手架必须执行“安全第一，预防为主”的方针，坚持“谁搭设，谁负责；谁损坏，谁维护”和“工完料净场地清”的原则。对使用中脚手架的要害部件做到勤检查，以防止事故发生。

⑫ 模板脚手架工程必须使用钢管脚手架，架管原则按项目部指定的色别，对架管进行刷漆后使用。

⑬ 钢管脚手架严禁使用铁丝进行搭设绑扎，严禁钢、木混搭。搭设、拆卸和使用脚手架必须是钢管脚手架，所用材料必须是本工程规定规格的材料。

（6）脚手架材料选用

① 脚手架材料应有厂商的生产许可证、检测报告和产品质量合格证，并经检查验收确认合格后使用。

② 脚手架需采用钢管，钢管的规格应为外径 48～51 mm，壁厚 3～3.5 mm，质量符合国家要求。

③ 钢管表面应平直光滑、涂防锈漆，无裂缝、硬弯、压痕，有严重锈蚀、裂纹、弯曲的钢管不得使用。

④ 扣件应采用锻铸铁扣件，脆裂、气孔、变形、滑丝的扣件不得使用。

⑤ 在同一脚手架中不同材质、不同外径的脚手杆不得混用。

⑥ 钢脚手板应用厚 2～3 mm 的 A3 钢板，规格长度为 1.5～3.6 m、宽度为 23～25 cm、肋高为 5 cm；板的两端应有连接装置，板面应有防滑孔；有裂纹、扭曲的不得使用。

⑦ 木脚手板材质应符合现行国家标准《木结构设计标准》（GB50005—2017）中Ⅱa 级材质的规定。脚手板厚度不应小于 50 mm，两端宜各设置直径不小于 4 mm 的镀锌钢丝箍两道。

⑧ 可调托撑螺杆外径不得小于 36 mm，螺杆与螺母旋合长度不得少于 5 扣，螺母厚度不小于 30 mm，抗压承载力设计值不应小于 40 kN，插入立杆内的长度不得小于 150 mm。支托板厚不小于 5 mm，变形不小于 1 mm。螺杆与支托板焊接要牢固，焊缝高度不小于6 mm；支托板、螺母有裂纹的严禁使用。

⑨ 在入库和使用前做好脚手架材料和部件的检查，任何有缺陷的部件应及时修复或销毁，在销毁前应附上标签避免误用。

（7）脚手架的搭设

① 脚手架搭设人员必须是专业架子工，必须是经体检合格和持有架子工或登高作业操作证及安全考试合格的人员进行操作，非架子工严禁搭设。搭设人员必须身体健康，精神饱满。

② 脚手架的横杆、立杆在搭设中应横平竖直，钢管立杆应设置金属底座或木垫板。

③ 脚手架立杆间距不得大于 2 m，大横杆间距不得大于 1.2 m，小横杆间距不得大于 1.5 m。

④ 脚手架的两端、转角处及每隔 6～7 根立杆，应设支杆及剪刀撑。支杆和剪刀撑与地面的夹角不得大于 60°，支杆埋入地下深度不得小于 30 cm。

⑤ 架子高度在 7 m 以上或无法设支杆时，竖向每隔 4 m、横向每隔 7 m，脚手架必须与建筑物连接牢固。

⑥ 抹灰、勾缝、油漆等外装修用的脚手架，宽度不得小于 0.8 m，立杆间距不得大于 2 m，大横杆间距不得大于 1.8 m。

⑦ 单排脚手架的小横杆伸入墙内不得少于 24 cm，伸出大横杆外不得少于 10 cm，通过门窗口和通道时，小横杆的间距大于 1 m 时应绑吊杆，间距大于 2 m 时，吊杆下需加设顶撑。

⑧ 18 cm 厚的砖墙、空斗墙和砂浆标号在 10 号以下的砖墙，不得搭设单排脚手架。

⑨ 架子的铺设宽度不得小于 1.2 m，脚手板必须满铺，离墙面不得大于 20 cm，不得有空隙和探头板，脚手板搭设不得小于 20 cm；对头接时应架设双排小横杆，间距不大于 20 cm。

⑩ 在架子拐弯处脚手板应交叉反搭接或接齐，不得有漏洞。垫平脚手板应用木块，并且要钉牢或绑牢，不得用砖垫。

⑪ 在架子上翻脚手板时，应由两人从里向外按顺序进行，工作时必须挂好安全带，下方并应设好安全网。

⑫ 脚手架的外侧、斜道和平台应搭设由上下两道横杆及栏杆组成的防护栏杆，上杆离地高度 1.05～1.2 m，下杆离地高度 0.5～0.6 m，并设 18 cm 高的挡脚板或设防护立网。

⑬ 斜道板、跳板的坡度不得大于 1∶3，宽度不得小于 1 m，并应钉

防滑条，防滑条的间距不得大于 30 cm。

⑭ 脚手架的高度应低于外墙 20 cm，铺设宽度不能小于 1.2 m，支架间距不得大于 1.5 m。

⑮ 搭设安全网时网与网之间拼接严密。

⑯ 作业人员所佩戴工具用后应装于袋中，不得放在架子上，以免掉落伤人。

⑰ 架设材料要随上随用，以免放置不当时掉落。

⑱ 在搭设作业进行中，必须设置隔离带，地面上的配合人员应避开可能落物的区域。

⑲ 每次收工以前，所有上架材料应全部搭设上，不要存留在架子上，而且一定要形成稳定的构架，不能形成稳定构架的部分应采取临时撑拉措施予以加固。

(8) 脚手架的使用

① 施工人员作业前应注意检查作业环境是否可靠，安全防护设施是否齐全有效，确认无误后方可作业。

② 作业时应注意随时清理落在架面上的材料，保持架面上规整清洁，不要乱放材料、工具以免影响作业的安全和发生掉物伤人。

③ 在脚手架上进行拉、推等操作时，要注意采取正确的资势，站稳脚根，或一手把持在稳固的结构或支持物上，以免用力过猛身体失去平衡或把东西甩出。

④ 在架面上运送材料经过正在作业中的人员时，要及时发出“请注意”“请让一让”的信号。

⑤ 作业中材料要轻搁稳放，不许采用倾倒、猛磕或其他匆忙卸料方式，严禁在架子上向上或向下抛掷工器具或材料。

⑥ 严禁在架面上打闹戏要，退着行走和跨坐在防护横杆上休息。不得在架面上抢行，跑跳，相互避让时应注意身体不要失稳。

⑦ 在脚手架上进行火焊作业时，必须设置铁盆接着火星或移去易

燃物，以防火星点着易燃物，并应有防火措施。

⑧ 过梁等墙体构件要随运随装，不得存放在脚手架上。

⑨ 较重的施工设备（如电焊机等）不得放置在脚手架上。严禁将模板支撑、缆风绳、泵送混凝土及砂浆的输送管等固定在脚手架上或任意悬挂起重设备。

⑩ 在架面上需放置使用焊割气瓶时，气瓶应采取固定措施，且气瓶上方无火源或垂吊物，若有应采取气瓶移位或进行遮挡措施。

⑪ 架上作业时，不要随意拆除基本结构杆件和连墙件，因作业的需要必须拆除某些杆件和连墙点时，必须取得施工主管和技术人员的同意，并采取可靠的加固措施后方可拆除。

⑫ 架上作业时，不要随意拆除安全防护设施，末有设施或设置不符合要求时，必须补设或改善后才能上架进行作业。

（9）脚手架的拆除

① 大型脚手架拆除作业前，应制订详细的拆除施工方案和安全技术措施。并对参加作业全体人员进行技术安全交底，在统一指挥下，按照确定的方案进行拆除作业。

② 拆除时一定要按照先上后下、先外后里、先架面材料后构架材料、先辅件后结构件和先结构件后附墙件的顺序，一件一件地松开连接、取出并随即吊下或集中到毗邻的未拆的架面上，扎捆后吊下。

③ 拆卸脚手板、杆件、门架及其他较长、较重、有两端连接的部件时，必须要两人或多人一组进行。禁止单人进行拆卸作业，防止把持杆件不稳、失衡而发生事故。

④ 拆除水平杆件时，松开连接后，水平托持取下。拆除立杆时，在先稳住上端后，再松开下端联结取下。

⑤ 多人或多组进行拆卸作业时，应加强指挥，并相互询问和协调作业步骤，严禁不按程序进行的任意拆卸。严禁上下同时作业或将架子整体或部分整体推倒。

⑥ 因拆除上部或一侧的附墙拉结而使架子不稳时，应加设临时撑拉措施，以防因架子晃动影响作业安全。

⑦ 拆除现场应有可靠的安全围护，应搭设警戒线，设立警戒区，并设专人看管，严禁非作业人员进入拆卸作业区内。

⑧ 严禁将拆卸下的杆部件和材料向地面抛掷。已吊至地面的架设材料应随时运出拆卸区域，并分类堆放，码放整齐，铁丝头及建筑垃圾应及时清理，保持现场整洁。

(10)记录

本制度形成的方案、专家评审、审批、交底、操作人员证书及检查、验收、维护过程应及时记录下来。

6.2 模板脚手架工程搭设要求

模板和脚手架有关规范对模板脚手架工程的构造和保障措施作了规定和要求。如建筑施工模板安全技术规范、建筑施工扣件式钢管脚手架安全技术规范和建筑施工脚手架安全技术统一标准等都对模板脚手架工程的材料选用、结构型式、构造要求和检查验收等方面作了规定和要求。这些规定和要求能够确保模板脚手架工程构件质量和施工技术受控，经济合理，防止各类意外事故发生。

模板规范规定模板使用钢材、钢管和铸件等要符合国家规范规定，模板板材和方材选用要达到规范要求的等级。模板结构计算采用合理的简化力学模型进行，结构应力和变形应控制在允许范围内。规范对模板的拼装、龙骨和垫木的设置以及支撑架的要求作了构造性的要求，保障模板工程在浇筑阶段和混凝土养生阶段荷载分布和荷载传递及结构变形合理可控。对模板提出对齐拼装和平整度的要求，对梁柱等细长构件提出平直度的要求。大多模板工程采用外部支撑结合适当的内部支撑和对拉以提高结构系统抵抗外力的能力，内外支撑系统设置应符合规范的规定。整体移动模板与拼装模板不同，整体移动模板要求具有足够的整体刚度和适应拆装、行走的性能。整体爬升模板、水平滑动模板和大模板均属于整体移动模板，它们的构造设计和整体刚度要求应符合有关规范要求。

脚手架规范要求脚手架钢管、扣件材料符合相关规定，扣件在设定螺栓扭矩下不得发生破坏。脚手架承载能力应按概率极限状态设计方法的要求，采用分项系数设计表达式进行设计。可只进行纵向、横向水平杆等受弯构件的强度和连接扣件的抗滑承载力计算；立杆的稳定性计算；连墙件的强度、稳定性和连接强度计算；立杆地基承载力计算。杆件和其他构件的应力和变形应当符合规范要求，扣件连接节点的强度和稳定性符合规范要求。规范中没有强制规定扣件连接脚手架结构采用的简化模型，但是实践中大多可采用铰接连接模型进行脚手架结构计算。简化模型的可靠性和尚存在问题之处有待于更深入地研究并得到进一步提高。

脚手架规范按照作业脚手架和支撑脚手架对脚手架构造分别作了具体要求。作业脚手架多采用单排脚手架、双排脚手架和独立脚手架等形式，脚手架作业平台尺寸应根据作业内容、设备、机械特点等进行设计并符合规范要求。横杆和立杆的间距设置应符合规范要求，剪刀撑布置数量和连接方式应当符合规范要求。悬挑式和附着式作业脚手架应当根据作业特点设计结构形式和作业平台，应采取防止滑落、防止超载等安全管理措施。支撑脚手架的间距、步距和独立脚手架高宽比应当符合规范要求。剪刀撑设置应根据安全等级设计布置数量，当采用斜杆和竖向交叉拉杆来代替剪刀撑时，布置数量应当符合对应安全等级的要求。对于规模较小和刚度较好同时荷载较小的情况，可不设置剪刀撑。减少同断面搭接接头，避免出现相邻杆件在同断面接头。立杆除顶层外其余接头采用对接接头，当采用搭接接头时，搭接长度符合要求，并采用不少于两个扣件固定。立杆的底座、垫块应当稳固，必要时采取固定措施，水平约束和斜撑约束应具有固定或锚定作用。

6.3 模板脚手架工程检查验收

(1) 脚手架使用前,必须进行检查验收,填写验收记录表,并有搭设人员、安全员、施工员、质检员、现场负责人等签证,验收合格后挂牌使用。

(2) 脚手架的搭设分单元进行的,单元中每道工序完工后,必须经过现场施工技术人员检查验收,合格后方可进入下道工序和下一单元施工;25 m 以上的脚手架,应在搭设过程中随进度分段验收。

(3) 脚手架检查验收的方法应按逐层、逐流水段进行,并根据《脚手架验收表》(见表 6.1～表 6.3)逐项检查,检查记录表如表 6.4 所示。

(4) 在暴雨、台风、暴风雪等极端天气前后对脚手架进行检查或重新验收。

(5) 脚手架验收以设计和相关规定为依据,验收的内容有:

① 脚手架的材料、构配件等是否符合设计和规范的要求;

② 脚手架的位置、立杆、横杆、剪刀撑、斜撑、间距、立杆垂直度等的偏差是否满足设计、规范要求;

③ 各杆件搭接和结构固定部分是否牢固,是否满足安全可靠要求;

④ 大型脚手架的避雷、接地等安全防护、保险装置是否有效;

⑤ 脚手架的基础处理、埋设是否正确和安全可靠;

⑥ 安全防护设施是否符合要求。

表 6.1 扣件式钢管脚手架验收表

工程名称:

<table>
<tr><td>搭设班组</td><td colspan="2"></td><td>负责人</td><td></td><td>搭设日期</td><td colspan="2"></td></tr>
<tr><td>验收部位</td><td colspan="2"></td><td>搭设高度(m)</td><td></td><td>验收日期</td><td colspan="2"></td></tr>
<tr><td>序号</td><td>检查项目</td><td colspan="5">检查内容与要求</td><td>验收结果</td></tr>
</table>

续表

序号	检查项目	检查内容与要求	验收结果
一	施工方案	架子工持省级以上建设主管部门颁发的建筑施工特种作业人员操作资格证书	
		脚手架搭设前必须编制专项方案，搭设高度 50 m 及以上须有专家论证报告，审批手续完备	
		搭设高度 50 m 以下脚手架应有连墙杆、立杆地基承载力设计计算；搭设高度超过 50 m 时，应有完整设计计算书	
		卸荷装置符合专项方案要求	
		立杆、纵向水平杆、横向水平杆间距符合设计和规范要求	
		必须设置纵横扫地杆并符合要求	
二	立杆基础	基础经验收合格，平整坚实与方案一致，有排水设施	
		立杆底部有底座或垫板符合方案要求并应准确放线定位	
		立杆没有因地基下沉悬空的情况	
三	剪刀撑与连墙杆	剪刀撑按要求沿脚手架高度连续设置，每道剪刀撑宽度不小于 4 跨(6 m且不应少于 6 m)，角度 45°～60°，搭接长度不小于 1 m，扣件距钢管端部大于 10 cm，等间距设置 3 个旋转扣件固定	
		按方案要求设置连墙拉结点：高度在 50 m 及以下的双排架和高度在 24 m 及以下的单排架，每根连墙杆覆盖面积≤40 m^2，高度在 50 m 以上的双排架每根连墙杆覆盖面积≤27 m^2	
		高度超过 24 m 以上的双排脚手架必须用刚性连墙杆与建筑物可靠连接	
		高度在 24 m 以下宜采用刚性连墙件与建筑物可靠连接，亦可采用拉筋和顶撑配合使用的附墙连接方式	

续表

序号	检查项目	检查内容与要求	验收结果
四	杆件连接	步距、纵距、横距和立杆垂直度搭设误差符合规范要求；不同步、不同跨相邻立杆、纵向水平杆接头须错开不小于 500 mm，除顶层顶步外，其余接头必须采用对接扣件连接	
		纵、横向水平杆根据脚手板铺设方式与立杆正确连接	
		扣件紧固力矩控制在 40～65 N·m	
五	脚手板与防护栏杆	施工层满铺脚手板，其材质符合要求	
		脚手板对接接头外伸长度 130～150 mm，脚手板搭接接头长度应大于 200 mm，脚手板固定可靠	
		斜道两侧及平台外围搭设不低于 1.2 m 高的防护栏杆和 180 mm 的挡脚板并用密目安全网防护	
六	钢管及扣件	规格符合方案或计算书中要求	
七	架体安全防护	禁止钢木（竹）混搭	
		有出厂质量合格证	
		使用的钢管无裂纹、弯曲、压扁、锈蚀	
		脚手架外立杆内侧满挂密目式安全网封闭	
八	通道	施工层脚手架内立杆与建筑物之间用平网或其他措施防护，并符合方案要求	
		运料斜道宽度不宜小于 1.5 m，坡度宜采用 1∶6；人行斜道宽度不宜小于 1 m，坡度宜采用 1∶3	
九	其他	每隔 250～300 mm 设置一根防滑木条，有防护栏杆及挡脚板，并符合规范要求	
验收结论		验收日期：　　　年　　月　　日	

续表

<table>
<tr><td rowspan="2">参加验收人员</td><td>施工项目部</td><td>施工班组</td><td>监理单位</td></tr>
<tr><td>项目技术负责人：(签名)

其他参加人员：(签名)</td><td>施工班组负责人：(签名)</td><td>参加人员：(签名)</td></tr>
</table>

表 6.2　模板支撑脚手架验收表

工程名称：

<table>
<tr><td colspan="2">搭设班组</td><td colspan="2"></td><td>负责人</td><td></td><td>搭设日期</td><td></td></tr>
<tr><td colspan="2">模板名称</td><td colspan="2"></td><td>搭设高度(m)</td><td></td><td>验收日期</td><td></td></tr>
<tr><td colspan="8">施工执行标准及编号：</td></tr>
<tr><td>序号</td><td>检查项目</td><td colspan="5">检查内容与要求</td><td>验收结果</td></tr>
<tr><td rowspan="3">一</td><td rowspan="3">安全施工方案</td><td colspan="5">搭设高度 5 m 及以上；搭设跨度 10 m 及以上；施工总荷载 10 kN/m² 及以上；集中线荷载 15 kN/m 及以上；高度大于支撑水平投影宽度且相对独立无联系构件的，搭设前必须编制专项方案，审批手续完备</td><td></td></tr>
<tr><td colspan="5">搭设高度 8 m 及以上；搭设跨度 18 m 及以上；施工总荷载 15 kN/m² 及以上；集中线荷载 20 kN/m 及以上须有专家论证报告，审批手续完备</td><td></td></tr>
<tr><td colspan="5">根据混凝土输送方法制定有针对性的安全技术措施</td><td></td></tr>
</table>

续表

序号	检查项目	检查内容与要求	验收结果
二	立柱、水平拉杆与剪刀撑	梁和板的立柱，其纵横向间距应相等或成倍数	
		钢管立柱底部应设垫木和底座，顶部应设可调支托，U形支托与楞梁两侧间如有间隙，必须楔紧，其螺杆伸出钢管顶部不得大于200 mm，螺杆外径与立柱钢管内径的间隙不得大于3 mm，安装时应保证上下同心	
		在立柱底距地面200 mm高处，沿纵横水平方向应按纵下横上的程序设扫地杆。可调支托底部的立柱顶端应沿纵横向设置一道水平拉杆。扫地杆与顶部水平拉杆之间的间距，在满足模板设计所确定的水平拉杆步距要求条件下，进行平均分配确定步距后，在每一步距处纵横向应各设一道水平拉杆；当层高在8～20 m时，在最顶步距两水平拉杆中间应加设一道水平拉杆，当层高大于20 m时，在最顶两步距水平拉杆中间应分别增加一道水平拉杆。所有水平拉杆的端部均应与四周建筑物顶紧顶牢。无处可顶时，应在水平拉杆端部和中部沿竖向设置连续式剪刀撑	
		木立柱的扫地杆、水平拉杆、剪刀撑应采用400 mm×50 mm木条或25 mm×80 mm的木板条与木立柱钉牢。钢管立柱的扫地杆、水平拉杆、剪力撑用扣件与钢筋立柱扣牢。木扫地杆、水平拉杆、剪刀撑应采用搭接，并应采用铁钉钉牢。钢管扫地杆、水平拉杆应采用对接，剪刀撑应采用搭接，搭接长度不得小于500 mm，并应采用2个旋转扣件分别在离杆端不小于100 mm处进行固定	
		钢管规格、间距、扣件应符合设计要求。每根立柱底部应设置底座及垫板，垫板厚度不得小于50 mm	
		钢管支架立柱间距、扫地杆、水平拉杆、剪刀撑的设置应符合方案及《建筑施工模板安全技术规范》(JGJ 162—2008)第6.1.9条的规定。当立柱底部不在同一高度时，高处的纵向扫地杆应向低处延长不少于2跨，高低差不得大于1 m，立柱距边坡上方边缘不得小于0.5 m	

续表

序号	检查项目	检查内容与要求	验收结果
二	立柱、水平拉杆与剪刀撑	立柱接长严禁搭接，必须采用对接扣件连接，相邻两立柱的对接接头不得在同步内，且对接接头沿竖向错开的距离不宜小于 500 mm，各接头中心距主节点不宜大于步距的 1/3	
		严禁将上段的钢管立柱与下段钢管立柱错开固定在水平拉杆上	
		满堂模板和共享空间模板支架立柱，在外侧周圈应设由下至上的竖向连续式剪刀撑；中间在纵横向应每隔 10 m左右设由下至上的竖向连续式剪刀撑，其宽度宜为 4～6 m，并在剪刀撑部位的顶部、扫地杆处设置水平剪刀撑且底端应与地面顶紧，夹角宜为 45°～60°。当建筑层高在 8～20 m 时，除应满足上述规定外，还应在纵横向相邻的两竖向连续式剪刀撑之间增加之字斜撑，在有水平剪刀的部位，应在每个剪刀撑中间处增加一道水平剪刀撑。当建筑层高超过 20 m 时，在满足以上规定的基础上，应将所有“之”字斜撑全部改为连续式剪刀撑	
		当支架立柱高度超过 5 m 时，应在立柱周圈外侧和中间有结构柱的部位，按水平间距 6～9 m，竖向间距 2～3 m，与建筑结构设置一个固结点	
三	作业环境	模板及其支架在安装过程中，必须设置有效防倾覆的临时固定设施	
		高支模施工现场应搭设工作梯，作业人员不得爬支模上下	
		高支模上高空临边有足够操作平台和安全防护	
		作业面临边防护及孔洞封严措施应到位	
四	其他	垂直交叉作业上下应有隔离防护措施	
验收结论		验收日期：　　年　　月　　日	

续表

<table>
<tr><td rowspan="2">参加验收人员</td><td>施工项目部</td><td>施工班组</td><td>监理单位</td></tr>
<tr><td>项目技术负责人：(签名)

其他参加人员：(签名)</td><td>施工班组负责人：(签名)</td><td>参加人员：(签名)</td></tr>
</table>

表 6.3　悬挑式脚手架验收表

工程名称：

<table>
<tr><td colspan="2">搭设班组</td><td></td><td>负责人</td><td></td><td>搭设日期</td><td></td></tr>
<tr><td colspan="2">验收部位</td><td></td><td>搭设高度(m)</td><td></td><td>验收日期</td><td></td></tr>
<tr><td>序号</td><td>检查项目</td><td colspan="4">检查内容与要求</td><td>验收结果</td></tr>
<tr><td rowspan="4">一</td><td rowspan="4">施工方案</td><td colspan="4">架子工持省级以上建设主管部门颁发的建筑施工特种作业人员操作资格证书</td><td></td></tr>
<tr><td colspan="4">脚手架搭设前必须编制专项方案，20 m 及以上须有专家论证报告，审批手续完备</td><td></td></tr>
<tr><td colspan="4">脚手架应分段搭设分段验收</td><td></td></tr>
<tr><td colspan="4">有安全操作规程及安全技术交底记录</td><td></td></tr>
<tr><td rowspan="4">二</td><td rowspan="4">悬挑梁与架体稳定</td><td colspan="4">外挑杆件与建筑结构连接采用焊接或螺栓连接，不得采用扣件连接</td><td></td></tr>
<tr><td colspan="4">悬挑梁安装符合设计要求</td><td></td></tr>
<tr><td colspan="4">立杆底部牢固，立杆垂直度偏差满足规范要求，立杆纵横向间距满足专项方案要求</td><td></td></tr>
<tr><td colspan="4">架体与建筑结构连接，垂直向不大于二步，水平向不大于三步</td><td></td></tr>
</table>

续表

<table>
<tr><th>序号</th><th>检查项目</th><th>检查内容与要求</th><th>验收结果</th></tr>
<tr><td rowspan="4">三</td><td rowspan="4">架体安全防护</td><td>外侧搭设不低于 1.2 m 高的防护栏杆和 180 mm 的挡脚板</td><td></td></tr>
<tr><td>脚手架外侧用密目式安全网封闭,搭设高度应超过作业层 1.5 m</td><td></td></tr>
<tr><td>满铺脚手板并要求牢固,不得有探头板</td><td></td></tr>
<tr><td>作业层下用安全平网严密防护,施工层以下每隔 10 m 封闭一次</td><td></td></tr>
<tr><td>四</td><td>荷载</td><td>脚手架荷载不得超过设计要求</td><td></td></tr>
<tr><td>五</td><td>其他</td><td></td><td></td></tr>
<tr><td colspan="2">验收结论</td><td colspan="2">验收日期: 年 月 日</td></tr>
</table>

<table>
<tr><td rowspan="2">参加验收人员</td><td>施工项目部</td><td>施工班组</td><td>监理单位</td></tr>
<tr><td>项目技术负责人:(签名)

其他参加人员:(签名)</td><td>施工班组负责人:(签名)</td><td>参加人员:(签名)</td></tr>
</table>

表 6.4　脚手架检查维护保养记录

工程名称：

检查项目	检查内容	检查结果	检查时间	检查人

7 模板脚手架工程结构计算方法

7.1 模板脚手架结构简化

模板脚手架结构的主要构件是以杆件和板材等为主要受力组件的由扣件钉铆和绑扎等方法连接固定的综合结构体系。由于模板结构通常也设计成为由杆件或方材等进行支承，因此总体上来说，模板脚手架结构主要是以杆件及连接件构成的复杂的承载结构体系。虽然理论上来说，杆件可以承受复杂的荷载作用并呈现出以下几类受力类型：作为受弯构件的梁，可以设计为单跨或多跨；如果制作具有拱曲线的杆件，可以发挥受压拱的作用；以铰接为主的杆件组成综合空间结构桁架；以刚节点连接杆件，形成刚架，事实上也可以看做是桁架的一种；桁架和梁或刚架组合在一起形成的结构，其中含有组合特点。但是，我们仍然可以将大多数模板脚手架工程的主体结构概括为桁架，或者简化为桁架结构。这样做可以忽略复杂的细节，抓住结构的主要特征，简化结构的力学模型。

在实践中，对于模板脚手架结构的简化实际上就是将模板脚手架空间结构体系简化为铰接桁架结构，即所谓的二力杆结构。对于任意结构形式的铰接桁架，假设荷载均作用于节点上，那么结构中所有的杆件只受到纯拉力或纯压力作用，不再有弯折、剪切、扭剪等其他类型的荷载效应作用。杆件内力简单易于材料选择和材料断面特性选择，也易于进行结构力学分析并验算结构承载能力。但是这种简化并不完全符合实际情况，主要有两个原因，一个是扣件连接件并不具有允许杆件绕节点旋转的自由度；另一个是立杆和横杆交叉节点上往往也不是杆件的端点，也就是说非端点的杆件节点仍然可能具有抗弯能力并可能存在弯矩。这样就使得二力杆桁架结构模型不能反映模板脚手架结构的实际情况。但是问题也存在另一面，那就是扣件连接节点也并非刚性连接，也就是说，采用刚架模型也不符合实际情况，并且因为刚架模型的内力可能会小于实际情况而容易出现失控的情况。

实践中自然地形成了铰接桁架模型的计算方式，并被较为广泛地接受。其原因是采用二力杆铰接桁架结构模型实在是最为简单的力学模型，无论是力学计算还是选材和制作都是更省心省力的；但是更重要的原因是，这种简化在几个重要方面还是能够刻画结构受荷作用的，比如主要受压杆轴力、斜撑的抗拉压作用等，所不同的地方主要是简化模型无法反映杆件内存在弯矩、剪力等内力。为了证明铰接桁架模型具有有效性，1989 年中国建筑科学院做过碗扣式双排脚手架的荷载试验，证明以连墙件的垂直距离作为双排脚手架的立杆计算长度是正确的，初步奠定了“铰接结构”的理论和试验基础。

通过这些讨论我们可以确定，采用铰接连接代替扣件连接来建立模板脚手架结构模型进行力学计算是可以偏保守地反映模板脚手架结构的承载能力的。这种简化计算得到的内力分布简单，计算方法也相对简单，易于在实践中推广使用，是值得提倡的；因为该模型计算结果偏安全，事实上符合实际需求。

但是我们必须看到问题的另外一面，那就是铰接化的结构模型并不能反映真实情况，比如不设斜杆的铰接四边形网格结构按照铰接连接就是几何可变结构，但是事实不是这样。由横杆和立杆搭设的空间网状结构并不是可变体系，它具有一定的承受水平荷载的能力。另外，铰接连接不能完全反映压杆稳定性条件，而脚手架立杆受压稳定与排距、横距和步距以及扣件连接和连墙件均存在复杂的相关关系。看起来，在实践中我们通过实验的方法验证了铰接连接假定用于脚手架结构计算的合理性和可靠性，似乎采用铰接假定能够充分反应实际情况，同时目前没有更好的算法来代替它。因此铰接模型毫无阻力地在实践中为广大工程师所接受和使用。但是，这种假定果真完美无缺吗？毫无疑问，答案是否定的。事实上，对铰接假定的结构试验本身是较为粗糙的，并没有对结构变形和内力进行全面的试验研究，因此不能简单地得出交接连接模型适用的结论；脚手架结构和荷载特点决定了结构主要以立杆承重为主要特征，因此在试验中所测得的轴力与简化模型计算结果相近；脚手架立杆稳定性问题相关因素众多，在简化模型中采用比较简化的经验系数方法，掩盖了问题本身的复杂性。

在铰接模型中，一方面，对杆件转角约束采用完全释放的假定从而使得结构在该自由度上成为无约束条件，即降低了实际约束刚度；另一方面，对杆件的轴向自由度采用完全固定的约束，这里又夸大了连接刚度。所以不能简单地把铰接模型看成是保守模型。

如果扣件与构件之间的连接刚度足够大，那么杆件连接节点就接近于刚性连接而非铰接。但是扣件连接并不是无限大的。例如，扣件连接的转角刚度取决于扣件的紧固程度，也取决于扣件受力断面和接触面积及材料强度等，当扣件结构尺寸更大、强度更高时，则趋向于刚性连接；当扣件尺寸小，比较软弱时，就会在受力时发生转角位移，但是这种受力并发生转角位移的过程仍然与铰接连接完全不同。扣件连接的轴向刚度是指在构件承受轴向力时的连接变形。对于非螺栓限位连接的扣件来说，轴向刚度就是靠扣件紧固力产生的摩擦阻力来提供扣件连接处抗轴向变形的能力。这样说来，扣件连接的轴向刚度并不比转角刚度更接近于刚性连接；恰恰相反，转角刚度更接近于刚性连接，而轴向刚度存在滑脱的可能性，因而不是刚性连接。由此可见，铰接模型放松转角约束而夸大轴向约束的做法并不符合力学机理，也不符合实际情况。与铰接模型对应的另一个比较简化的模型是刚架模型，就是把构件的扣件连接都看作是刚性连接。无法证明铰接模型比刚架模型更加精确。从上面的分析来看,刚架模型定然比铰接模型更加接近实际情况,但是刚架模型的计算远较铰接模型烦琐。这在手算时代是很大的问题,在没有更好的办法取代铰接模型的条件下,不失为一个解决之道。但是在现在计算机普及的时代,刚架计算不成为问题,那么铰接模型仅仅具有简单易用的意义。

任何简单地将模板脚手架结构简化的做法都会使计算结果偏离真实情况。那么我们到底有没有办法把模板脚手架结构模型搞清楚呢?本书将在下一节提出一种新的计算方法,对于特殊性的或者要求较高的模板脚手架工程可以采用这种更为严密的计算方法。

7.2 模板脚手架结构现实化模型

我们一般都知道,在结构计算中各节点的线位移和角位移将对应于所有与之相连的构件的位移,从而决定这些构件的应变和应力。但是这种认知是在对节点作了假定的,节点本身只分两种情况,即刚性约束和无约束。具体来说就是对所有节点的位移包括线位移和角位移都作了这样的假定,要么是刚性约束线位移或角位移,要么是无约束线位移或角位移。例如铰接桁架模型中,就假设铰接节点的线位移刚度是无穷大,而节点的角位移刚度是零;刚架模型中则假设铰接节点的线位移刚度是无穷大,同时节点的角位移刚度也是无穷大。当节点本身变形量相对于构件变形引起的位移很小的时候,这种走极端的假定引起的误差很小,那么对计算结果影响也就很小;如果节点变形量与构件变形引起的位移相比足够大,那么还采取这样的假定就会与实际情况有很大的出入。脚手架扣接体系正是这样的情况,扣接节点因为限位栓扣接方式和扣件本身的形制等原因,使扣件变形量与构件变形引起的节点位移相比不可忽略,从而不能简单地采用上述的假定进行结构计算。在其他结构中也可能出现这种节点变形不可忽略的情况,例如钢构件的铆接、螺栓连接,木构件的榫接、钉接等。

对于节点本身的变形可以分为两类，一类是跟外力无关的量，只要有适当的荷载作用，就会发生节点变形，比如连接之间的活动间隙，活动铰和栓扣等均存在限位间隙，这些间隙会使节点配件在受力时滑动从而产生节点变形；另一类是跟荷载有关的变形，一般因承担荷载而发生变形，大多数结构的节点均会产生这种节点变形，当其达到不可忽略的量值就会影响到结构计算的精度。第一类变形可以处理为节点变形常量与构件变形引起的位移一起计入平衡方程；第二类变形与荷载有关，因此需要构建独立的本构关系才能描述，比较简化的处理方法是将扣件也视为构件，并依照其在各个自由度上的刚度构件本构方程来参与结构计算。

因此，要更真实地反映模板脚手架结构性质，就必须真实反映扣件真实自由度和与这些自由度相关的连接刚度。我们知道，扣件连接在表观上表现为所有旋转自由度为零，即刚性连接；但是，扣件通过轴承和活动扣并由开闭锁扣约束从而实现对立杆和横杆的交叉连接，这些轴承、活动扣和锁扣等连接间隙事实上放松了特定方向上的约束，使得这些方向上的连接刚度变小。因此要建立真实的结构模型，就必须通过实验测定扣件在复杂荷载条件下的变形特征，并建立本构关系纳入结构计算。

现实模板脚手架结构模型需要考虑杆件系统和节点系统的整体力学性能来建立整体力学模型。简言之，就是把扣件连接节点当作构件来看待，研究其荷载作用下的变形和内力。这样我们将有机会建立能够真实反映模板脚手架受力和变形的数学物理方法。下面我们就以有限单元法为例，简单阐述模板脚手架结构真实模型的数值分析方法。

当我们考虑建立真实模型时，杆件由非铰接连接，那么杆件也就不再是二力杆；另外，扣件为非铰接亦非固接的有限自由度连接。在这样的数值模型中，我们将不仅把杆件看作受力单元，也将节点看作受力单元，而把杆件与节点单元之间的中间连接视为刚性连接。这样建立起来的结构模型往往是超静定结构，其复杂性不但远超铰接桁架模型，也远比刚性连接空间结构计算来得复杂。但是如果我们通过大量的试验获得扣件的计算参数,并编制出计算机程序,复杂的计算也不算难事。

一种比较特殊的情况是,我们在为节点的转角构件建立本构关系时,构件的线位移自由度很小。简单地说就是不考虑扣件的滑脱这种变形量,那么在设计扣件单元时就不需要考虑它的拉压刚度了。我们可以稍稍深入地讨论这种扣件单元,也就是节点单元。它是针对扣件这一复杂结构构件提出来的特殊数值分析单元。虽说是节点,但是在数学上却不必将它视为点,而把它视为有有限多个杆件与之连接的固体单元。但是因为我们不考虑节点在拉压剪切等作用下的变形特征,故只需考虑在杆端弯矩作用下的随杆转动变形就可以了。由于每一根杆件都具有 3 个转动自由度,那么对于一个拥有 n 个杆件连接的节点单元来说,节点单元将会有 $3n$ 个位移未知量,并需要建立一个具有 $3n \times 3n$ 阶的单元劲度矩阵。

7.3 几何不变体系和超静定

建筑结构体系是通过约束固定于地基(边界)上的整体构造,体系中的构件互相连接而构成整体结构。由此我们进一步定义几何不变体系,是指结构体系中所有构件都具有充分约束而不具有整体位移自由度;而在某个结构体系中存在任何一个构件具有任何一个整体位移自由度,则该结构是几何可变体系。需要强调一下,这里所说的构件的自由度并不是构件变形的自由度,而是指构件平动或转动的整体位移自由度。

当一部分或者所有构件具有某一个整体位移自由度,那么当有作用于该自由度的荷载时,结构就会因这些构件的位移而失去整体性。因此,我们一般要求结构保持几何不变性,从而保持结构整体性和稳定性。因此可以说,几何不变体系要求所有构件的所有整体自由度都被充分约束。当结构中存在一部分构件的一部分自由度没有被约束时,结构是几何可变体系,结构的整体自由度为零;当结构的所有构件总共

具有 n 个针对构件的整体自由度时，就称这个体系有 n 个自由度。

有一种情况需要说明，我们在实践中有时还是会出现可变体系的设计的。例如，建筑中常把大梁搭设于柱顶或墙顶，而未采用铰接等形式的连接来固定，对于该大梁来说，实际上是可变体系。但是，引起大梁在向上位移的荷载在设计工况下并不存在，那么大梁在该自由度上的可变位移也就不会出现。因此，这种可变体系与增加铰接或固接约束的同样的大梁相比，其工作状态以及整个结构的工作状态并无本质区别。但是，一旦出现了沿该自由度的荷载则情况就不一样了，例如地震荷载、风荷载等等。事实上，我们确实会碰到地震中出现可变体系的变形，也常常会看到台风过境时，掀翻屋顶甚至墙倒屋塌的情况。总得来说，这一类破坏发生概率仍然很小，因此我们尚未充分重视这一类可变体系引起的问题。对于一些特别重要的结构，我们还是应当考虑这种可变体系的影响。

当几何不变体系中所有构件的所有自由度都对应于单独约束时，结构受所有可能的荷载作用时都处于稳定状态，称结构为静定结构；当几何不变系中部分或所有构件存在部分或所有整体自由度对应于超过一个约束的情况，称结构为超静定结构。对于静定结构，受到所有可能的荷载作用时，结构内力和约束内力均可以通过静力平衡的方法计算作用于所有构件的整体自由度上的荷载来确定；而对于超静定结构，由于存在超过一个约束的整体自由度，因此不能通过静力平衡分析确定该自由度约束上的力。值得注意的是，这里所说的某构件的约束是指该构件在某自由度上的各种可能的连接，可能是支座，也可能是其他构件组成的自由度限制构造。

从上面的分析可知，超静定的情形不仅可能出现因为边界的约束超过自由度的情况，也可能出现结构体系中间的构造形成了对某一些构件的某个整体自由度的超过一个的约束。假如包含超静定刚架的结构中刚架以外的所有构件整体自由度都有独立约束，只有刚架中存在超静定情况，那么如果将刚架视为一个构件，则我们还可以将该结构视为静定结构，只是我们可以通过静力分析求得刚架整体内力，但是不能求得超静定刚架内部构件的内力。

因此我们应当把超静定结构性质划分为以下三类，即结构型超静定、边界型超静定和混合型超静定。所谓结构型超静定是指在结构中存在可以简化为单一刚片的构件，在该刚片内部存在部分构件的部分自由度具有大于一个约束；所谓边界型超静定是指结构的部分构件的部分自由度存在大于一个边界约束；所谓混合型超静定是指以上两种情况同时存在。简而言之，结构型超静定就是除去边界约束的结构本身存在多余约束，边界型超静定是存在多余的边界约束，混合型超静定则同时存在结构型和边界型多余约束。对于结构型超静定，通过把部分结构简化为刚片，可以将结构简化为静定结构模型，当然也可以采用静力平衡法计算简化模型内力；对于边界型和混合型超静定结构则无法简化为静定结构模型。广义地讲，任何形式的构件本身都可以看作是结构型超静定构件。比如一根连杆，可以视为多段杆件刚性连接而成，也可以视为多根杆拼接而成。所以，从理论上来说，超静定结构和静定结构并不存在绝对的区分边界。静定结构的构件可以看作是由超静定刚片构成，因而可视为超静定；结构型超静定可以通过将部分结构简化为刚片从而转化为静定结构。

7.4 力法

对于 n 次超静定结构来说，如果撤除多余约束，可以使结构转变为静定结构；从约束的实际作用来看，就是构件的节点上施加了特定的力和位移作用而已。因此，把超静定结构中的多余约束撤除，代之以与撤除约束对应的未知力，则该静定结构体系与原超静定结构是等效的。与其他荷载作用不同，与撤除的约束对应的力是未知量，而该约束的位移却是已知量，这样我们就可以通过计算该约束的位移来列方程或方程组求解出这些未知量，并进一步求解所有结构内力。

力法的求解思想是经典的逻辑思维的结果。因为所有约束对于结构或构件来说，它的实质作用就是在该自由度上对结构的力的作用，也就是说，所有的约束作用都是作用于结构的力，并与结构上其他荷载形成平衡力系。那么我们以该约束的位移为已知量，求解该节点对应的位移的方程组，就可以解出这些未知力。大多数情况下，结构约束对应的位移为零，因此可以列出方程右端项为零的方程组；如果某约束对应的位移不为零，则可以列出右端项不为零的方程组。对于 n 次超静定结构来说，需要列出 n 个位移方程来求解未知量；并通过解出的未知量在静定结构模型下，继续求解结构的所有内力和位移。

力法的基本思想是把多余约束变为未知力，从而变化为求解静定结构的问题。因此在在撤除多余约束的时候，往往有很多种方案可供选择。选择撤除不同的约束以形成的静定结构也相差很大，但是这些方案却都是等效的。如果在撤除约束时，出现了部分构件的部分整体自由度失去约束而形成几何可变系，那么该方案就失去解题能力了。造成这种问题的原因是，选择这些撤除约束使得结构失去了静力平衡条件，而结构本身仍然存在内部的超静定构造。因此在选择力法的具体方案时仍然是需要技巧的。

对于 n 次超静定的情形，力法的基本未知量就是 n 个多余的未知力。在这些未知量的作用下，以静定结构代替原结构并去掉 n 个多余约束。把这个静定结构称为基本体系的话，这 n 个多余约束处的 n 个变形条件是基本体系中沿多余未知力方向的位移与原结构中的位移相等。因为我们能够在忽略其他作用的条件下，求得任何未知力为单位力时引起某节点上的某自由度的位移，这样我们也就可以把该未知力引起的位移写成该未知力乘以单位力位移，当求出所有未知力作用在该自由度的位移和荷载在该自由度引起的位移时，根据原结构中该约束的位移条件列出位移方程为：

$$
\begin{aligned}
&\delta_{11}X_1+\delta_{12}X_2+\cdots+\delta_{1n}X_n+\Delta_{1p}=0\\
&\delta_{21}X_1+\delta_{22}X_2+\cdots+\delta_{2n}X_n+\Delta_{2p}=0\\
&\cdots\cdots\\
&\delta_{n1}X_1+\delta_{n2}X_2+\cdots+\delta_{nn}X_n+\Delta_{np}=0
\end{aligned}
\tag{7.1}
$$

这是 n 次超静定结构力法方程的一般形式。无论是什么结构，以及结构的基本系和未知量怎么选取，力法的基本方程都可以写成这样的形式。

系数 δ_{ij} 和自由项 Δ_{ip} 采用双下标的含义是，第一个下标表示位移所在的自由度编号，第二个下标表示引起该位移未知力的编号。例如：

Δ_{ip} ——由荷载产生的沿 X_i 方向的位移；

δ_{ij} ——由单位力 $X_j=1$ 产生的沿 X_i 方向的位移，常称为柔度系数。

需要注意的是，确定位移正负号规则是，当位移 Δ_{ip} 或δ_{ij} 的方向与相应力 X_i 的正方向相同时，则位移规定为正。

根据位移互等原理，系数 δ_{ij} 与δ_{ji} 是相等的，即 $\delta_{ij}=\delta_{ji}$ 。

上述方程组中的柔度系数写在一起，可以写成下列的矩阵形式：

$$
\begin{matrix}
\delta_{11}\delta_{12}\cdots\delta_{1n}\\
\delta_{21}\delta_{22}\cdots\delta_{2n}\\
\cdots\cdots\cdots\\
\delta_{n1}\delta_{n2}\cdots\delta_{nn}
\end{matrix}
\tag{7.2}
$$

这个矩阵就称为柔度矩阵。主对角线上的系数 δ_{11} ，δ_{22} ，…，δ_{nn} 称为主系数，显然，主系数都是正值，且不为零。不在主对角线上的系数 $\delta_{ij}(i\neq j)$，$\delta_{ji}(i\neq j)$ ，称为副系数。副系数可以是正值或负值，也可以是零。根据位移互等原理，柔度矩阵是一个对称矩阵。我们可以将柔度矩阵写成 $[\delta]$ ，那么力法的基本方程就可以写成简化形式

$$[\delta]\{X\}+\{\Delta\}=0 \tag{7.3}$$

这里，$[\delta]$ 为柔度矩阵，$\{X\}$ 是未知力列向量 $\{X_1, X_2, \cdots, X_n\}^T$，$\{\Delta\}$ 是荷载位移列向量 $\{\Delta_{1p}, \Delta_{2p}, \cdots, \Delta_{np}\}^T$ 。

7.5 位移法

位移法是求解超静定问题的更为普遍性的方法。位移法与力法不同的地方在于，力法是从多余约束中析出未知量并建立该自由度的位移方程，位移法则是将具有独立位移等节点锁定，把结构分解为各个单独构件，然后以独立位移作为未知量，计算节点上等节点力，并根据与节点连接等所有构件的总体节点力平衡来建立平衡方程。也就是说，位移法不是单独针对超静定结构求解的，它既可以用于超静定结构也可以用于静定结构。

我们知道，对于一个由多个构件构成的结构体系来说，所有构件的内力和变形都是由该构件的边界条件与荷载决定的，如果不计该构件所受荷载，则构件受力情况完全与边界有关。因此对于任何一个构件来说，其内力是由构件的约束位移和外荷载共同作用的结果。因为整体位移不引起构件的内力，结构的内力事实上只与构件的节点上的相对位移和荷载有关。也就是说，单元构件的荷载与单元节点的相对位移有关，而相对位移由各个节点总体位移所反映，如果将所有单元的荷载位移关系综合起来就可以建立起结构的整体平衡方程。用节点位移作为未知量来表达出每一个单元构件的相对位移，并由此计算出节点荷载，通过结构整体的力的平衡条件把这些节点荷载平衡方程组合起来成为方程组就可以求解结构位移和内力。这就是位移法的最基本思想内核。

在位移法中，需要分三步建立方程组。第一步是确定独立位移并分解出构件单元；第二步是根据单元约束条件建立单元的节点荷载与位移关系即单元平衡方程;第三步是综合所有单元的荷载位移关系,形成总体平衡方程,并求解。

首先要详细讨论一下独立位移的概念。对于任何一个连接两个或两个以上构件的节点来说,这种连接是指对于这些构件的节点自由度的刚性连接,比如两个平面杆件刚接节点包含两个杆件该节点的两个位移自由度和两个杆端转动自由度,但是由于杆件刚接两个杆件杆端转动位移相同即只有一个独立的未知量,因此分别用两个平动位移未知量和一个转动位移未知量来表述该节点可能发生的位移,该三个位移称为独立位移;再如两个平面杆件铰接节点包含该节点的两个位移自由度,而两个杆件在这个节点的转动自由度不再相同,即成为两个独立的位移,而同时作用于该点的与转角对应的力即弯矩为零,这平衡方程中对应的项为零,位移法中常常不把它作为未知量列出;特殊的情况下,比如通过横杆连接的两根立杆,因为连杆拉压变形极其微小,一般可以忽略,这样这两根立杆的水平位移就可以视为相等,也就是说两个立杆水平位移只采用一个独立的水平位移未知量来表示。

由于独立位移对于对应于该自由度的构件来说具有相同的值,也就是说构件之间关于该自由度的连接刚度是无穷大的。因此,独立位移对于相连杆件的节点自由度是同一个未知量。假如我们把所有的独立位移都看作是对应自由度锁定的构件,而把节点位移看作是该杆件在该节点的支座位移,那么,独立位移与杆件节点荷载的关系就可以用固定的公式给出。在这个假定下进行结构的分解,根据构件的约束情况划分出构件单元。根据构件之间的连接性质不同可以给出不同的独立位移与节点荷载的关系,我们称之为单元刚度系数。

将所有单元的独立位移对应的节点荷载在对应节点叠加,应当与这些荷载在这些节点的等效节点荷载相平衡。我们可以通过与每一个节点相连的单元节点荷载的平衡条件列出独立自由度的平衡方程,并把所有平衡方程组成一个方程组。对于具有 n 个独立位移的结构体系，我们以这 n 个独立位移作为基本未知量，列出基本方程：

$$
\begin{aligned}
k_{11}\Delta_1 + k_{12}\Delta_2 + \cdots + k_{1n}\Delta_n + F_{1p} &= 0 \\
k_{21}\Delta_1 + k_{22}\Delta_2 + \cdots + k_{2n}\Delta_n + F_{2p} &= 0 \\
\cdots\cdots\cdots\cdots \\
k_{n1}\Delta_1 + k_{n2}\Delta_2 + \cdots + k_{nn}\Delta_n + F_{np} &= 0
\end{aligned}
\tag{7.4}
$$

一般来说，力法和位移法在分析刚架等结构的受力时，常常会忽略杆件轴心力引起的变形和内力。这种忽略往往会使得结构分析得以简化。因为轴心力作用引起杆件拉压变形往往比较微小，一般结构中采用忽略轴力的简化是不会造成较大的误差的。但是在以杆件拉压作用为主的结构计算中就不能忽略轴心力引起的内力和变形。特别是对于以简单的拉压杆件为主的桁架系统来说，这种简化就不符合实际情况。当桁架节点采用铰接时，杆件成为二力杆，即杆件内力只有拉力和压力两种情况。二力杆结构是另一种极端的情况，但是这种情况的内力计算也变得特别简单。这是因为构件节点独立位移只有平移没有转动，这样求解结构时只有平移位移未知量而没有转动位移未知量，单元刚度矩阵中只有杆件的拉压刚度而没有弯曲刚度。二力杆的结构计算过程比忽略轴心力的结构计算还要更加简单。

7.6 矩阵位移法

力法和位移法都需要基于对结构和约束条件的认识，选取基本未知量。力法需要撤除多余约束，并代之以力的未知量，通过结构位移条件来求解方程组；位移法无须考虑超静定次数，直接以独立位移作为未知量，通过建立单元刚度矩阵并形成节点荷载，进一步建立整体平衡方程组。因此，一般的力法和位移法都需要通过主观选取未知量，并建立较为复杂的方程组求解未知量。对于特别复杂的结构，采用这些方法就会产生工作量大、易于出错等问题。

位移法与力法相比较而言，不依赖于超静定次数的认定，无论对于超静定结构还是静定结构都是适用的。最关键的是，位移法的基本思想是把结构分解成最基本的杆件单元，这样单元的内力和变形只与单元本身的相对位移（变形）有关，也就是说，单元受力情况完全决定于与它相连的节点位移。而另一方面，这些单元相互连接形成静力平衡条件，我们就可以通过以节点位移为未知量，综合所有结构单元形成平衡方程来求解。简而言之，位移法是通过节点位移描述每个单元的相对位移从而建立单元对于节点荷载的贡献，然后通过静力平衡条件组建整个结构的平衡方程求解位移未知量。

如果不再像力法和位移法中那样去忽略轴心力作用引起的变形，我们就不需要特别地考察位移未知量的独立性，从而建立更为一般的单元刚度矩阵，并进而建立结构的整体方程。比如对于一个拥有两个节点的杆件来说，每一个节点上对应两个位移未知量和一个转角未知量一共六个未知量。杆件除了具有受弯引起的变形，还具有轴心拉压引起的变形。这样考虑更为全面的变形情况，使得单元刚度矩阵的建立和整体方程的建立更为庞大和复杂，但是同时也具有标准化和统一化的特点，并且因为考虑轴向变形而更符合实际情况。

矩阵位移法就是在这样的思想下提出来的，利用位移法的一般性，建立可以批量处理的结构分析方法。矩阵位移法的本质还是位移法，只是它摒弃了考察未知量的独立性和简化受力模型等主观性工作，从而使得结构分析更加规范和符合程式。矩阵位移法可以采用手算，但是更适合采用计算机运算。矩阵位移法也可以称为有限单元法，它与弹性力学有限单元法存在相似性，都是以位移作为基本未知量。但是在弹性力学中，单元之间一般都是以铰接连接，就是说单元节点不存在弯矩，这样，未知量只有平动位移未知量，而没有转角位移未知量；另外，结构力学有限单元法的单元为杆件，本构关系只有杆件受力变形模式，比较有自身的特点。

矩阵位移法求解二力杆问题就变得十分简单，因为二力杆结构的节点均为铰接连接，位移未知量只有平动位移。更为简单的地方在于，本构模型只需要考虑杆件的拉压的应力应变关系，这样二力杆的单元刚度矩阵就只有平动位移未知量对应的拉压刚度系数。但是，如果把并非铰接连接的桁架结构强行采用二力杆结构模型进行计算，就会导致计算结果与实际情况不符合。

7.7 非刚性节点位移法

如上所述，位移法实际上是把结构的节点本身刚性化。比如对于刚性节点，假定与该节点连接的转角位移都是同一个值，对于铰接节点，假定杆件轴力所引起在节点处的轴向线位移为零。但是，实际情况并非如此，不管是钢结构中的焊接、铆接或螺栓连接，还是钢筋混凝土结构中不同配筋的节点连接方式，实际结构中的节点都不是完全刚性的。也就是说，与某节点相连的杆件在该点的转角并非同一个值，而各杆件的线位移也可能因为滑动、间隙位移而不为零。这种在结构计算中的节点刚性与实际存在出入的情况对最终计算结果的影响取决于节点刚性误差与实际发生位移之间的对比。应当说，在大多数结构中这种对比是比较微小的，或者说，刚性节点假定基本接近实际情况。但是在一些特殊情况下，比如连接构配件连接刚度不大，如各类铆接和螺栓连接钢结构或者木结构等结构体系中，刚性节点假定就会带来不小的误差。当然，考虑节点刚度的计算是一件复杂的事情。这需要建立完整的理论体系，并开展充分的试验研究来支撑。但是无论是理论还是实践需要，做这些方向的研究和努力都是值得的。特别是，对于模板脚手架工程这样一个较为特殊的结构形式来说，就具有更为重要的意义。

由此可见，位移法的思想是可以为非刚性节点结构分析提供解决方案的。简单地说，就是在一般位移法中将节点刚性化，所以与之相连的各个构件在该节点处的位移相同，例如某刚性节点处各杆件转角位移相同，杆件在该点的线位移相同。在位移法中，这些节点位移就只有一个未知量。举例来说，对于二维结构体系来说，某刚性节点具有水平和竖直两个线位移未知量(在数学上本质上是一个未知量)，还有一个转角位移未知量。事实上，位移法所暗含的刚性节点假定使结构分析得到了极大简化。我们将不需要考虑节点本身可能出现的变形量。但是沿着同样的思考，我们可以发展出非刚性节点的结构分析方法。具体的思路是，非刚性节点上各个构件的转角位移不再是相同的值，而可能是不同的值。各构件在该点的位移值取决于杆端弯矩，并有节点刚度来决定各构件的实际转角位移。用非刚性节点的线位移举例则更为清晰明了。就比如中间有节点的沿同一直线分布的两根二力杆，假如中间的节点是非刚性的，则在受拉或者受压时会存在与轴力相关的滑动变形。那么这两根杆件在该点的位移值就是不同的，而这两杆之间出现了相对位移，这个相对位移的大小是由轴力决定的。我们可以建立本构方程来描述它。由此可见，非刚性节点的各构件之间产生的相对转角位移也同样可以用本构方程来描述。这样我们就有了求解非刚性节点结构的思路。最简单的做法就是把节点单独拿出来成为一个特殊的单元，即节点单元。由非刚性的连接决定了节点单元的劲度矩阵是不同于普通的构件单元的，其应力应变关系也需要进行足够的实验来支持。但是方法本身是具有很好的可行性和可操作性的。

节点刚性也存在非线性和与荷载无关性的可能。对于非线性的节点劲度处理，可以参照一般非线性问题的方法采用迭代或者离散的方法来逼近。对于与荷载无关的相对位移，例如安装间隙、限位间隙和各种类型的连接空当，则不能再采用节点位移未知量来考虑了。参考一般结构计算中的有效方法，把这类相对位移假设成为已知位移，则可以得到很好的解决。例如两杆间的限位滑脱位移，就可以通过给定已知相对位移使得两个杆端对应的两个位移未知量变成一个独立的未知量。滑脱的相对转角位移也可以采用同样的处理方法获得解决。

7.8 压杆稳定理论

一般来说，结构构件的承载能力主要受材料的强度控制。材料的强度是指材料对外力的最大承受能力。具体地讲，就是材料在外力作用下产生破坏或者变形，从而丧失承载能力，那么它们对应的内力就可以作为材料的强度的定义。但是在相同的外力作用下不同的材料产生破坏或者变形的型式会不同；而对于同一种材料而言，不同的外力也会造成不同的破坏和变形。因此一般来说，强度应当被定义为某种材料在某种外力作用下产生破坏或者变形而丧失承载力所对应的极限内力。但是这样的定义将会使得应用变得异常复杂。在实践中，逐渐形成了四种常用的强度理论，分别是第一强度理论、第二强度理论、第三强度理论和第四强度理论。第一强度理论和第二强度理论适用于脆性材料的拉伸破坏，比如铸铁、岩石等材料的拉伸断裂；第三强度理论和第四强度理论适合描述塑形材料破坏和变形发展规律，适用于对大多数塑性材料破坏和屈服变形的描述。

第一强度理论又称为最大拉应力理论。该理论认为材料发生断裂是由最大拉应力引起，即最大拉应力达到某一极限值时材料发生断裂。在复杂应力条件下，材料发生破坏的条件是

$$\sigma_1 = \sigma_b \tag{7.5}$$

式中：σ_1 ——拉力为正所定义的大主应力；

σ_b ——材料的强度。

第二强度理论又称最大伸长应变理论。它假定，无论材料内一点的应力状态如何，只要材料内该点的最大伸长应变 ε_1 达到了单向拉伸断裂时最大伸长应变的极限值 ε_i ，材料就发生断裂破坏，其破坏条件为

$$\varepsilon_1 \geqslant \varepsilon_i \tag{7.6}$$

式中：ε_1 ——拉伸为正的大主应变；

ε_i ——材料破坏时对应的最大主拉应变。

第三强度理论又称最大剪应力理论或特雷斯卡屈服准则。该理论假定，最大剪应力是引起材料屈服的原因，即不论在什么样的应力状态下，只要材料内某处的最大剪应力达到了单向拉伸屈服时剪应力的极限值，材料就在该处出现显著塑性变形或屈服。因为最大剪应力可以写成

$$\tau_{\max} = \frac{1}{2}(\sigma_1 - \sigma_3) \tag{7.7}$$

式中：σ_1 和 σ_3 分别是最大和最小主应力 。而剪应力极限可以写成

$$\tau_y = \frac{1}{2}\sigma_y \tag{7.8}$$

式中：σ_y 是单向应力作用下的达到屈服时的正应力，此时小主应力为零，因此它就是剪应力极限的二倍。

这样，就可以把这个理论的塑性破坏条件写成为

$$\sigma_1 - \sigma_3 \geqslant \sigma_y \tag{7.9}$$

第四强度理论又称最大形状改变比能理论。这个理论导出的判断塑性破坏的条件与偏应力张量第二不变量有关，表达为

$$\sqrt{\frac{1}{2}[(\sigma_1 - \sigma_2)^2 + (\sigma_2 - \sigma_3)^2 + (\sigma_3 - \sigma_1)^2]} \geqslant \sigma_y \tag{7.10}$$

对于杆件受到单向轴向压力作用的情况，由于小主应力和中主应力为零，采用第三强度理论和第四强度理论进行设计时具有相同的结果，即

$$\sigma_1 \leqslant [\sigma] \tag{7.11}$$

其中，$[\sigma]$ 为杆件抗压强度允许值。

应用中一般写成

$$N \leqslant Af \tag{7.12}$$

其中：A ——杆件断面面积；

f ——杆件抗压强度设计值。

结构构件工作时受到拉压、弯曲和扭转等外荷载作用而产生内力，当结构应力达到材料强度时结构将会出现破坏或塑性变形，从而丧失承载能力。但是，结构问题中还有另外一类独特问题影响结构承载力，那就是压杆稳定问题。这一类问题与强度问题无关，而与不稳定平衡有关。例如小球处于凹面底部时，轻微扰动导致其偏移原来位置，待扰动撤除后小球能够自动恢复到原来位置，小球在凹面底部状态称为稳定平衡，如图 7.1(a)所示；小球处于凸面顶部时，轻微扰动导致小球急剧离开原来位置，扰动撤除后小球无法自动恢复到原来位置，小球在凸面顶部状态称为不稳定平衡，如图 7.1(b)所示。

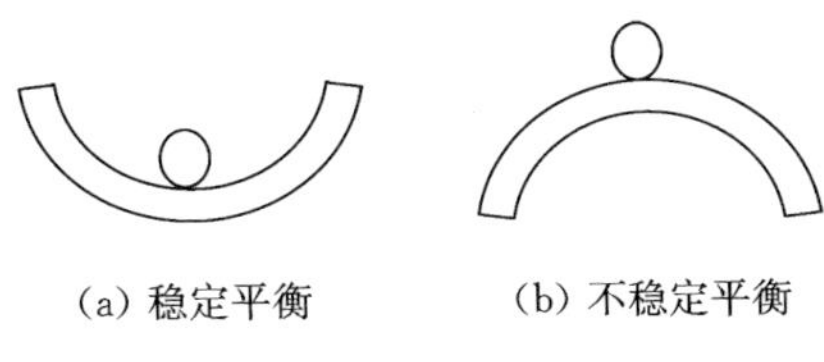

图 7.1　小球在曲面上的平衡状态

细长杆件在受到轴心压力作用时也会出现不稳定平衡问题。当轴心压力小于临界压力时，杆件处于稳定平衡，压杆受到外力扰动而偏离原来状态，当外力扰动撤除后，杆件能够自动恢复原来状态，如图 7.2(a)所示；当轴心压力大于或等于临界压力时，杆件处于稳定平衡，压杆受到外力扰动会急剧偏离原来状态，并产生较大的变形甚至破坏，当外力扰动撤除后，杆件将不能自动恢复原来状态，如图 7.2(b)所示。

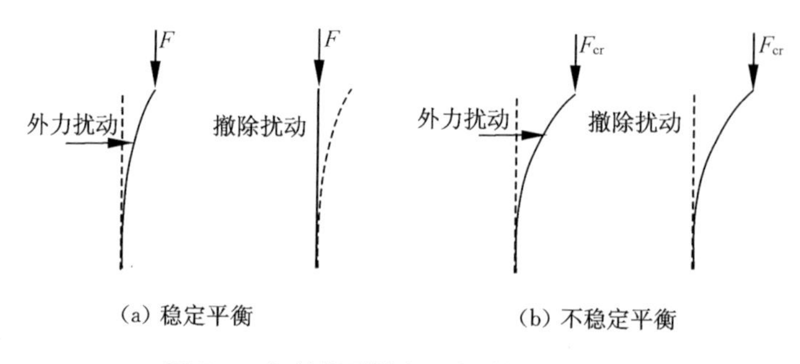

图 7.2　细长杆受轴向压力时的平衡状态

我们可以以工程师的形象思维来理解压杆稳定问题中的不稳定平衡。假设轴心受力压杆在外部约束下达到临界压力对应的挠曲变形，因此杆件任意断面上因变形形成的矩与临界压力在该断面中心形成的矩相等。设想两种情况：1）如果实际轴向压力小于临界压力，那么撤去约束后该断面上因变形形成的矩就大于临界压力形成的矩，因此此时杆件弹性力将使得杆件恢复原状；2）如果实际轴向压力大于等于临界压力，那么撤去约束后该断面上因变形形成的矩就小于等于临界压力形成的矩，因此此时杆件弹性力将无法使得杆件恢复原状甚至产生更大变形。

这里以两端铰支压杆为例推导临界压力，压杆受力简图如图 7.3 所示。

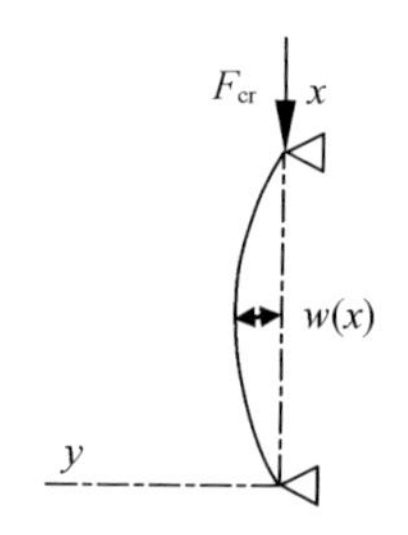

图 7.3　两端铰支压杆稳定性

假设在临界压力下压杆产生挠曲变形如图 7.3 所示。任意截面上的弯矩为

$$M(x) = -F_{cr}w(x) \tag{7.13}$$

挠曲线微分方程为

$$\frac{d^2w}{dx^2} = \frac{M}{EI} = -\frac{F_{cr}w}{EI} \tag{7.14}$$

令

$$k^2 = \frac{F_{cr}}{EI} \tag{7.15}$$

则

$$\frac{d^2w}{dx^2} + k^2w = 0 \tag{7.16}$$

微分方程的通解为

$$w = C_1\sin(kx) + C_2\cos(kx) \tag{7.17}$$

代入边界条件

$$x = 0, w = 0 \tag{7.18}$$

$$x = l, w = 0 \tag{7.19}$$

得到 $C_2 = 0$,并且

$$C_1\sin(kl) = 0 \tag{7.20}$$

当 C_1 不等于零时,求解得到

$$k = \frac{n\pi}{l} \tag{7.21}$$

得到

$$F_{cr} = \frac{n^2 \pi^2 EI}{l^2} \tag{7.22}$$

当 $n = 1$ 时取得最小值

$$F_{cr} = \frac{\pi^2 EI}{l^2} \tag{7.23}$$

这就是压杆临界压力,又称为欧拉公式。

受压杆件两端约束不同,其对应的正弦函数解的波形也不同。对于不同约束下临界压力下杆件挠曲线半波长不一定等于杆件本身长度,欧拉公式写成统一的形式

$$F_{cr} = \frac{\pi^2 EI}{l_0^2} \tag{7.24}$$

两端铰接杆半波长就是杆长 $l_0 = l$;一端固定杆件半波长 $l_0 = 2l$;一端固定一端铰接半波长 $l_0 = 0.7l$;两端固定杆件半波长 $l_0 = 0.5l$ 。

杆件断面惯性矩可以写成

$$I = Ai^2 \tag{7.25}$$

式中:i ——杆件断面的惯性半径。

临界压力写成

$$F_{cr} = \frac{\pi^2 EA}{\left(\frac{l_0}{i}\right)^2} \tag{7.26}$$

令

$$\lambda = \frac{l_0}{i} \tag{7.27}$$

式中:λ ——长细比。

结合压杆强度公式(7.12),可以将压杆承载力公式综合地写成

$$N \leqslant \varphi A f \tag{7.28}$$

式中:φ——轴心受压构件的稳定系数,当φ大于1时取为1,可见构件的稳定系数与材料强度有关。对于Q235构件,可参考《钢结构设计规范》(GB 50017—2003)或《冷弯薄壁型钢结构技术规范》(GB 50018—2002)。

8 模板脚手架工程荷载与荷载组合

8.1 关于荷载分类的讨论

结构力学中对作用于结构的荷载进行特性区分，把随时间变化并引起结构动力响应的称为动荷载，相应地把不随时间变化或者只产生静力作用的荷载称为静荷载。但是这种定义较为笼统，比如随时间施加的静荷载本质上也是动荷载，但是如果施加过程是缓慢的，引起结构的动力响应很小，则我们视之为静荷载；如果施加过程较为激烈，可产生轻微的动力响应，例如混凝土入仓荷载，事实上有一定的动力作用效应，但这种动力作用是微小的，在结构中产生的微弱动应力会随着施工动作结束而很快消失，这时我们往往可以采用拟静力法代替动力作用进行结构分析，既能够避免复杂的动力计算又能够一定程度地揭示荷载效应。

土木建筑工程中大多数情况下是以材料或设备自重作为荷载主体的，这些荷载在结构生命周期中保持不变；而另外一些荷载却可能随时间变化，如风荷载、雪荷载以及人群荷载等等，它们随气候或人的作息而产生变化，但是这种变化的动力效应几乎可以忽略。我们把这些荷载都看作静荷载，而只把那些有显著动力效应的荷载称为动荷载，这样的处理反而会使得分析过程更为清晰。也因为如此，我们将不以动静特性来区分前面所述的不变的荷载和可变的荷载，代之以永久荷载和可变荷载。但是我们也不过分扩大这种讨论，例如永久荷载可能也是逐级加载的，我们却仍然称其为永久荷载而不叫可变荷载，而只把风雪和人群这样的有一定的随机性的荷载称为可变荷载，这里还是考虑了永久荷载施加之后的不变性。

作前述这两个讨论的目的是为了更深刻地认识模板脚手架工程在施工中产生的荷载的性质。这是因为模板脚手架结构体系是临时性工程，采用永久这个词有不适宜的地方，而施工过程的荷载作用性质与结构运行期荷载作用性质也有很大的不同，因此如果简单地以荷载规范中对荷载性质的定义来看待模板脚手架结构上作用的荷载会产生一些混淆和迷惑。事实上，这个世界上本来就不存在什么永久性的事物，因此荷载规范中定义的永久荷载概念也只是表达了此荷载在建筑物生命周期中保持不变性，以区别于我们要定义的另一类静荷载在建筑物生命周期中会有显著变化。当讨论作为临时性设施的模板脚手架结构时，永久性的属性就显得很矛盾，但是永久荷载的内在属性即结构生命周期中保持不变性则是一致的。因此我们仍然以永久荷载和可变荷载来探讨模板脚手架结构上作用的荷载并没有很大的问题。

但是问题在于，施工期自重荷载却会产生变化，特别是混凝土入仓、浇筑、初凝以及强度增长后自身具有一定的承载力，这时混凝土材料给予模板脚手架结构的作用与前面所讨论过的永久荷载的属性就很不相同了，我们如果还以永久荷载这个概念的内涵来分析和讨论则陷入过于机械和片面的误区。我们并不打算改变荷载的名称来开始探讨，这样反而引起思路不清晰。我们将就混凝土从入仓到强度增长过程的力学性质改变来探讨模板上的荷载变化，从而引导对这一问题的深刻认识。

8.2 混凝土浇筑过程中模板上的侧压力

8.2.1 混凝土入仓流动性

我们讨论混凝土的流动性是因为尚不具有抗剪强度的混合料具有

类似流体的流动性而不具有结构或构件的承载力，这种流动性会对侧向模板产生很大的侧向压力，而随着强度增长和流动性丧失，这种侧向力也会逐渐减小。因此施工过程中混凝土强度增长和流动性丧失将对模板脚手架结构体系的作用产生较大影响，是结构安全性和施工质量保障的主要影响因素。

混凝土搅拌后即具有流动性，影响这种流动性的因素主要有两个，一个是加水量，另一个是掺灰量。这两者对混凝土流动性的产生具有内在关联的机制。当水泥和水以及骨料混合搅拌时，因为骨料受到振动产生体积缩小变化趋势；但是由于水泥颗粒较为细小，比表面积大，对水的吸附性较强，从而导致渗透性较弱，以至于水无法从骨料中流动出来；这样这个体变趋势就不能落实为压缩，而表现为孔隙水压力升高；升高的孔压抵消了混合料本来不太大的有效应力，从而使混合料丧失了强度而具有流体流动的性质。可见，混凝土流动性的机制与粉细砂液化的机制具有相似之处。黏土和粗砂一般不容易产生液化，这是因为黏土具有结构性的强度不容易产生体变趋势，而粗砂渗透性太强、排水太快以致孔压不会积累并升高；混凝土混合料凝结之前尚不具有强度，而水泥颗粒细小类似于粉细砂，因此而产生液化现象。

通过上面的讨论我们明白，混凝土放置后孔压消散，混合料是有一定强度的。但是混凝土入仓后堆积起一定的高度，因自重作用再一次使不同深度处产生来不及排水的孔隙水压力。这时如果模板密封性好，在水泥水化反应消耗水之前混合料会一直保持这种孔压并使混合料具有流动性；如果采用排水模板那么孔压可以迅速消散，则混合料流动性可以迅速降低；水泥水化反应消耗一定水量从而减小占用孔隙空间，会降低孔压从而减小混合料流动性；混凝土随着凝结而强度增长，也将使其流动性丧失。

8.2.2 混凝土浇筑对侧向模板的侧压力理论

没有抗剪强度的入仓混凝土混合料在仓位中内应力呈现为应力球张量,球应力大小等于某点处自重应力。因此混合料对于侧向模板的侧压力等于该点该混合料自重应力,数值等于混合料重度与该点深度的积。当一次入仓厚度较大时,对侧向模板的侧压力作用也会很大,总侧压力随深度呈平方增长。当计算点处于完全流动态混合料以内时侧向压力分布的大小为

$$F = \gamma_C H \tag{8.1}$$

其中,H 为计算位置至新浇筑混凝土顶面的总高度。

考虑混凝土混合料中孔隙水压力完全消散而未凝结时,侧向压力可按主动极限状态计算

$$F = \gamma_C H \tan^2\left(45° - \frac{\varphi}{2}\right) \tag{8.2}$$

其中,φ 为混合料内摩擦角。

如果某点处混凝土发生凝结,其强度可以表达为

$$\tau_f = q/2 + \gamma_C H \tan\varphi \tag{8.3}$$

其中,q 为无侧限抗压强度。

那么,考虑凝结而强度增长时模板侧压力为

$$F = \gamma_C H \tan^2\left(45° - \frac{\varphi}{2}\right) - q\tan\left(45° - \frac{\varphi}{2}\right) \tag{8.4}$$

可见,当强度增长到足够大时主动侧压力就会降低为零,此强度为

$$q = \gamma_C H \tan\left(45° - \frac{\varphi}{2}\right) \tag{8.5}$$

8.2.3 规范对模板侧压力的处理

因为实践中较大高度浇筑是采用一层一层逐层浇筑的，那么当某层振捣完成接着进入下一道工序，则该层将因为孔压消散和凝结开始强度增长，上一层开始浇筑时该层已经具有一定的强度。但是，混凝土强度增长情况非常复杂，并不容易清晰地动态掌握。规范中把初凝之前的情况都视为强度为零，这就简化了分析，偏保守。按照初凝时间和浇筑速度确定初凝面位置的经验公式

$$H_0 = 0.22 t_0 \beta_1 \beta_2 V^{\frac{1}{2}} \tag{8.6}$$

$$F = 0.22 \gamma_C t_0 \beta_1 \beta_2 V^{\frac{1}{2}} \tag{8.7}$$

式中：F ——新浇混凝土对模板的侧压力计算值（kN/m³）；

γ_C ——混凝土的重力密度（kN/m³）；

V ——浇筑速度，取混凝土浇筑高度（厚度）与浇筑时间的比（m/h）；

t_0 ——新浇混凝土的初凝时间（h），可按试验确定；当缺乏试验资料时可采用 $t_0 = 200/(T+15)$ 计算，T 为混凝土的温度（℃）；

β_1 ——外加剂影响修正系数，不掺外加剂时取 1.0，掺具有缓凝作用的外加剂时取 1.2；

β_2 ——混凝土坍落度影响修正系数：当坍落度小于 30 mm 时，取 0.85；坍落度在 50～90 mm 时，取 1.00；坍落度在 110～150 mm 时，取 1.15。

当计算点位置深度 H 小于初凝面深度 H_0 时，模板极限侧压力为

$$F = \gamma_C H \tag{8.8}$$

当计算点位置深度等于初凝面深度 H_0 时，模板极限侧压力为

$$F = \gamma_C H_0 \tag{8.9}$$

当计算点位置深度大于初凝面深度 H_0 时，新浇筑混凝土对模板极限侧压力贡献可简单地取作零。但是由于该部位侧压力在前期曾经达到过最大值，因此可以近似地把模板侧压力取作式(8.9)。

应当强调的是，强度增长到足够大的混凝土在新浇混凝土作用下对模板增加的侧压力并不是真的为零，而是由混凝土材料模量和泊松比按照胡克定律产生侧向力。但是这里我们讨论的是承载能力极限状态设计，当水平支撑结构在该极限状态发生较大变形时，该混凝土将进行内力调整并承担本来向侧向的应力扩散，从而使侧压力仍然停留在上述的侧压力最大值。

8.3 风荷载

风荷载是由于气流流经结构和建筑物引起气压差而形成的对结构或建筑物表面的分布荷载作用。气流压力差来源于空气流动时遇到阻挡而产生流态改变从而产生高于或低于大气压力的结构表面气压力。也就是说，当没有空气流动时，结构和建筑物内外表面不存在压力差，则风荷载为零；迎风面因阻挡气流引起压力升高，背风面因截断空气流通性引起空气压力降低，其他型式结构外形也可因其与气流相互作用而产生高于或低于大气压力的气压；结构物内部气压也可能因为空气的流通性和其几何形状影响而产生高于大气压力或低于大气压力的气压，这使得结构物上的风荷载变得更为复杂了。在建筑工程中一般按照建筑物外形，根据理论和实验等结论，给出形体系数用于风压计算，同时也按照设计保证率统计和绘制了全国各地的基本分压分布图表可供查阅。但是模板脚手架工程风荷载作用机制与建筑物风荷载作用仍然有显著的不同，应予以进一步思考和认识。

模板工程可以依据其形体特征查阅其形体系数和当地的基本风压而得到风荷载作用的标准值。但是模板工程往往与脚手架工程以及主体建筑工程等共同构成挡风系统，因此需要针对具体的工况，清楚地了解挡风系统的特点，才能较为准确地估算模板工程的风荷载作用。

对于风荷载计算来说，脚手架工程是更为特殊的结构形式。这是因为脚手架工程本身是系数构件连接形成的透风构造物，其挡风特点与带维护结构的建筑物截然不同；脚手架结构往往与主体结构以及模板工程等相互联系共同构成复杂的挡风系统，使得其风荷载作用形式异常复杂；考虑到安全性以及对周围环境的影响，常常采用封闭、半封闭形式的脚手架围护，这些围护极大地改变了脚手架结构的挡风性能从而影响风荷载作用。可见，详细掌握脚手架结构和构造设计以及与主体结构和模板工程相互关系才可能准确估算脚手架结构上的风荷载作用。

以单根圆管构造挡风为例来分析空气压力变化规律，当其挡风侧因直接阻挡气流而形成气压升高，背风侧因气流截断而形成空穴负压，同时圆管上下侧风压相互平衡而不构成附加荷载，这样不平衡风荷载是挡风侧和背风侧气压差的总和。当横杆和立杆组成网状挡风结构时，杆件间的气流存在相互干扰，因此多根杆件的风荷载总和将小于单根杆件形成的风荷载，当网眼足够小时，其承担的总风荷载接近于封闭构造的风荷载，事实上，脚手架围护网就具有这样的效应。多排脚手架构成的挡风系统其挡风效应不能采用简单叠加来考虑，但也不能用一排脚手架挡风作用来代替，其挡风作用效应与脚手架的排距和交叉情况都有关系，实践中推荐采用多榀桁架计算方法估算，但是脚手架本身有不同于一般建筑结构的特殊性，应进行更多的理论和实验研究以提出更为可靠的脚手架风荷载计算方法。

8.4 荷载取值

基于前面两节的讨论，我们可以得出，新浇混凝土自重荷载与一般建筑工程中的永久荷载概念有所不同。因此在模板脚手架工程结构计算中，不宜采用永久荷载的概念，可直接使用自重荷载这样的概念；同时，施工荷载和设备运行荷载存在一定的动力特性，但在大多工程中它们不是影响模板脚手架结构的主要荷载，而且其动力响应引起的应力和变形占总应力和变形量的比例不大，因此一般可以将这些荷载作用进行拟静力分析，即采用自重荷载乘以一定的系数来体现。

可以重新将模板脚手架工程荷载进行分类，包括：

自重荷载：模板及脚手架工程自重、新浇钢筋混凝土自重；

模板的侧向荷载：新浇混凝土入仓、振捣及强度增长过程中作用于模板的侧压力等；

施工荷载：施工人员及其施工设备荷载、振捣混凝土产生的荷载、倾倒混凝土产生的荷载等；

风荷载：模板脚手架和主体结构等共同构成的挡风系统形成的作用于模板脚手架结构上的风荷载；

其他荷载：其他未列入上述分类的可能出现的荷载。

《建筑结构荷载规范》(GB 50009—2012)规定荷载标准值是荷载的基本代表值，为设计基准期内最大荷载统计分布的特征值，例如均值、众值、中值或某个分位值。永久荷载标准值，对应结构自重，可按结构构件的设计尺寸与材料单位体积的自重计算确定。对于自重变异较大的材料和构件，自重的标准值应根据结构的不利状态取上限值或下限值。荷载设计值是荷载代表值与荷载分项系数的乘积。对于永久荷载，当荷载效应对结构不利时应按照规定取大于 1.0 的荷载系数，当荷载效应对结构有利时应按照规定取小于或等于 1.0 的荷载系数。

《建筑施工脚手架安全技术统一标准》(GB 51210—2016)指出，在模板脚手架结构计算中，使用荷载的标准值作为代表值，材料和构件可按现行国家标准规定的自重值取为荷载标准值；工具和机械设备等产品可按通用的理论重量及相关标准的规定取其荷载标准值，具有动力特征的荷载乘以适当的拟静力作用系数作为标准值；可采取有代表性的抽样实测，并进行数理统计分析，按照保证率设计原则，将实测平均值加上2倍均方差作为其荷载标准值。

需要强调的是，在自重荷载标准值取值和荷载分项系数的选取中，均考虑了荷载效应对荷载取值的调整问题。对于有变异性的自重荷载，若不区分其荷载效应的有利和不利，并鉴于大多自重荷载是对结构的不利作用，建议确定标准值时按照实测均值加上2倍均方差或直接取上限；若区分荷载效应对结构有利或不利，可取均值增加或减小2倍均方差或直接取上限或者下限。而荷载分项系数的选取则根据荷载效应的有利或不利取小于或大于1.0的值。由此可见，考虑荷载变异性选取标准值时，是考虑荷载值的概率分布，从而采用控制超越概率小于控制值的取值办法；而荷载分项系数则考虑了结构的安全性和结构特性选取基于该荷载作用下具有一定安全储备的设计值而设置的系数。它们考虑的出发点不同，但是都达到了提高结构安全性的目的。

8.5 荷载组合

结构设计应根据使用过程中在结构上可能同时出现的荷载，按照承载能力极限状态和正常使用极限状态分别进行荷载（效应）组合，并应取各自的最不利的效应组合进行设计。水工模板脚手架结构的荷载效应设计原则应在《建筑结构荷载规范》（GB 50009—2012）基础上，结合水工建筑物施工的特点提出。

对于承载能力极限状态，应按荷载效应的基本组合或偶然组合进行荷载（效应）组合，并应采用下列设计表达式进行设计：

$$\gamma_0 S \leqslant R \tag{8.10}$$

式中，γ_0 是结构重要性系数；S 是荷载效应组合的设计值；R 是结构构件抗力的设计值。

对于正常使用极限状态，应根据不同的设计要求，采用荷载的标准组合、频遇组合或准永久组合，并应按下列设计表达式进行设计：

$$C \leqslant R \tag{8.11}$$

式中，C 是结构或结构构件达到正常使用要求的规定的限值，例如变形、裂缝、振幅、加速度、应力等的限值，应按各有关规范的规定采用。

对于基本组合，荷载效应组合的设计值应从由可变荷载效应控制的组合和由永久荷载效应控制的组合中选取最不利值确定。由可变荷载效应控制的组合：

由可变荷载控制的效应设计值，应按下式进行计算：

$$S_d = \sum_{j=1}^{m} \gamma_{G_j} S_{G_j k} + \gamma_{Q_1} \gamma_{L_1} S_{Q_1 k} + \sum_{i=2}^{n} \gamma_{Q_i} \gamma_{L_i} \psi_{c_i} S_{Q_i k} \tag{8.12}$$

式中：γ_{G_j} ——第 j 个永久荷载的分项系数，应按本规范第 3.2.4 条采用；

γ_{Q_i} ——第 i 个可变荷载的分项系数，其中 γ_{Q_1} 为主导可变荷载 Q_1 的分项系数，应按本规范第 3.2.4 条采用；

γ_{L_i} ——第 i 个可变荷载考虑设计使用年限的调整系数，其中 γ_{L_1} 为主导可变荷载 Q_1 考虑设计使用年限的调整系数；

$S_{G_j k}$ ——按第 j 个永久荷载标准值 G_{jk} 计算荷载的效应值；

$S_{Q_i k}$ ——按第 i 个可变荷载标准值 Q_{ik} 计算荷载的效应值，其中 $S_{Q_1 k}$ 为诸可变荷载效应中起控制作用者；

ψ_{c_i} ——第 i 个可变荷载 Q_i 的组合值系数；

m ——参与组合的永久荷载数；

n ——参与组合的可变荷载数。

永久荷载的分项系数应符合下列规定：

当永久荷载效应对结构不利时，对由可变荷载效应控制的组合应取 1.2，对由永久荷载效应控制的组合应取 1.35；当永久荷载效应对结构有利时，不应大于 1.0。

可变荷载的分项系数应符合下列规定：

对标准值大于 4 kN/m² 的工业房屋楼面结构的活荷载，应取 1.3；其他情况，应取 1.4；对结构的倾覆、滑移或漂浮验算，荷载的分项系数应满足有关的建筑结构设计规范的规定。

由永久荷载控制的效应设计值，应按下式进行计算：

$$S_d = \sum_{j=1}^{m} \gamma_{G_j} S_{G_j k} + \sum_{i=1}^{n} \gamma_{Q_i} \gamma_{L_i} \psi_{c_i} S_{Q_i k} \tag{8.13}$$

基本组合中的效应设计值仅适用于荷载与荷载效应为线性的情况；当对 $S_{Q_1 k}$ 无法明显判断时，应轮次以各可变荷载效应作为 $S_{Q_1 k}$，并选取其中最不利的荷载组合的效应设计值。

荷载标准组合的效应设计值 S_d 应按下式进行计算：

$$S_d = \sum_{j=1}^{m} S_{G_j k} + S_{Q_1 k} + \sum_{i=2}^{n} \psi_{c_i} S_{Q_i k} \tag{8.14}$$

组合中的设计值仅适用于荷载与荷载效应为线性的情况。

荷载偶然组合的效应设计值可按下式进行计算：

$$S_d = \sum_{j=1}^{m} S_{G_j k} + S_{A_d} + \psi_{f_1} S_{Q_1 k} + \sum_{i=2}^{n} \psi_{q_i} S_{Q_i k} \tag{8.15}$$

式中，S_d ——按偶然荷载标准值 A_d 计算的荷载效应值；

ψ_{f_1} ——第 1 个可变荷载的频遇值系数；

ψ_{q_i} ——第 i 个可变荷载的准永久值系数。

荷载频遇组合的效应设计值应按下式进行计算：

$$S_d = \sum_{j=1}^{m} S_{G_j k} + \psi_{f_1} S_{Q_1 k} + \sum_{i=2}^{n} \psi_{q_i} S_{Q_i k} \tag{8.16}$$

荷载准永久组合的效应设计值应按下式进行计算：

$$S_d = \sum_{j=1}^{m} S_{G_j k} + \sum_{i=1}^{n} \psi_{q_i} S_{Q_i k} \tag{8.17}$$

在各类荷载组合的规定中，最为重要的是要了解两个问题：一个是荷载分项系数和荷载组合系数，另一个是可变荷载的性质。

荷载分项系数是考虑结构的安全储备而设置的，因而一般取大于1.0的值，除去少数情况下荷载效应对结构有利取小于等于1.0的值；荷载的组合系数则是只针对可变荷载来说的，考虑同时出现的荷载的出现概率给出组合系数，因此取值一般小于1.0，这里未考虑荷载效应对于结构的有利或不利。

可变荷载仍然可以进一步区分，有的可变荷载出现的概率很大，但是出现的荷载大小变异性大，如人群荷载、施工荷载等等；有的荷载出现的概率很小，甚至可能在结构生命周期中不出现，具有偶然性，比如地震荷载，因失误造成的冲击、撞击等等；有的荷载在设计年限中具有稳定的重现概率，例如洪水等。

基于这些认识，《建筑施工模板安全技术规范》(JGJ 162—2008)吸收了老荷载规范里简化处理基本组合的思想，建议荷载效应基本组合简化形式为下列两式中最不利者：

$$S = \gamma_G \sum_{i=1}^{n} G_{ik} + \gamma_{Q1} Q_{1k} \tag{8.18}$$

$$S = \gamma_G \sum_{i=1}^{n} G_{ik} + 0.9 \sum_{i=1}^{n} \gamma_{Qi} Q_{ik} \tag{8.19}$$

式(8.18)是不考虑第1项可变荷载以外的其他可变荷载的简化荷载组合，这样就简化地考虑了由可变荷载控制的荷载效应；式(8.19)是将所有可变荷载组合系数简单地取为0.9，从而简单地考虑由永久荷载控制的荷载效应。这两个公式可以使原本较为复杂的荷载组合计算变得稍稍简单，而计算结果与荷载规范中原式是较为接近的。

偶然荷载是结构生命周期中可能出现也可能不出现的荷载。这些荷载在施工过程中仍然需要予以考虑。比如特殊机械设备工作中存在的较大冲击力，因失误操作而可能出现的偶然性荷载等。这些荷载在进行承载能力极限状态设计时计入偶然荷载组合，同时因为偶然荷载具有出现概率小、历时短暂等特点，偶然荷载组合中不再考虑荷载分项系数而只考虑可变荷载的组合系数。考虑偶然荷载产生概率、产生历时和作用位置，建议模板脚手架结构荷载偶然组合的效应设计值可采用以下简化形式：

$$S_d = \sum_{j=1}^{m} S_{G_j k} + S_{A_d} + S_{Q_1 k} \tag{8.20}$$

应当说明的是，当计算模板脚手架工程地基承载力时，应采用荷载效应的基本组合，但是荷载分项系数应取 1.0，这是因为结构工程地基承载力是从强度和变形两个角度来综合确定的承载力特征值，确定承载力特征值时同时考虑了安全储备，一般承载力极限值不小于承载力特征值的 2 倍；当计算变形和位移等正常使用荷载效应时应采用荷载效应的标准组合或准永久组合。

9 奔牛枢纽工程模板脚手架施工方案

9.1 工程概况

奔牛水利枢纽工程为新孟河延伸拓浚工程干河枢纽工程之一，工程的主要任务包括防洪、引排水和通航，枢纽由京杭运河立交地涵、船闸、节制闸和孟九桥组成。

立交地涵为现浇钢筋混凝土箱涵，设计地涵单孔净尺寸为 8 m×6.5 m(宽×高)，共布置 12 孔。涵首均采用三孔一联的钢筋砼空箱结构，横向共分 3 个结构段，共设 12 孔，单孔断面尺寸为 8 m×6.5 m，每一结构段横向宽度为 28.8 m，边墩、缝墩及中墩厚度均为 1.2 m，12 孔横向总宽度为 115.2 m。南北涵顺水向长度均为 17.0 m，涵首底板厚为 1.5 m，底板面高程为−6.0 m，涵首洞身顶板厚 1.2 m，顶板面高程为 1.70 m，交通桥面高程为 7.50 m，总宽均为 8.0 m。

地涵洞身采用三孔一联的钢筋砼空箱结构，三孔共一块底板，单块底板横向总宽度为 28.80 m，横向共分 3 联，共计 12 孔，单孔尺寸8 m×6.5 m，孔口四角点设 0.5 m×0.5 m 贴角。地涵洞身底板厚1.5 m，顶板厚 1.2 m，墩墙厚 1.2 m，底板面高程为−10.7 m。

船闸上闸首与节制闸闸室并列布置，船闸位于河道西侧，上闸首采用开敞式水闸结构，闸底板面高程为−0.70 m，底板厚 2.0 m，根据上部结构布置需要，闸底板顺水流向长度为 16.0 m，垂直水流向宽度为 19.70 m。上闸首两侧边墩顶高程为 7.50 m，墩墙顶部为排架，上设工作桥，采用现浇钢筋砼梁板结构，梁高 1.6 m。

下闸首采用钢筋砼坞式结构，闸底板面高程为－0.70 m，底板厚2.0 m，根据上部结构布置需要，闸底板顺水流向长度为16.0 m，垂直水流向宽度为21.50 m。闸墩顶高程为7.50 m。墩墙顶部为排架，上设工作桥，采用现浇钢筋砼梁板结构，梁高1.6 m。

节制闸闸室底板面高程为－0.70 m，闸室净宽为16.0 m，底板厚2.0 m；闸室底板顺水流向16.0 m，垂直水流向宽度为15.50 m。闸墩顶高程为7.50 m，墩墙顶部为排架，上设工作桥，采用现浇钢筋砼梁板结构，梁高1.6 m。

洞首及洞身顶板设计总荷载为30 kN/m^2，北洞首及船闸、节制闸工作桥模板支撑高度分别为8.5 m、14.2 m、14.2 m，按《江苏省水利基本建设项目危险性较大工程安全专项施工方案编制实施办法》，其模板支撑工程属于超过一定规模的危险性较大的分部分项工程。针对上述情况，拟采用满堂钢管脚手架作为支撑体系，本方案只针对本工程洞首及洞身顶板混凝土，北洞首及船闸、节制闸工作桥混凝土模板支撑最不利因素进行模板及支架专项施工方案设计。

9.2 编制依据

（1）《建筑施工扣件式钢管脚手架安全技术规范》(JGJ 130—2011)；

（2）《建筑施工安全检查标准》(JGJ 59—2011)；

（3）《水闸施工规范》(SL 27—2014)；

（4）《水电水利工程模板施工规范》(DL/T 5110—2013)；

（5）《建筑结构荷载规范》(GB 50009—2012)；

（6）《混凝土结构工程施工规范》(GB 50666—2011)

（7）《建筑施工模板安全技术规范》(JGJ 162—2008)；

（8）《建筑施工高处作业安全技术规范》(JGJ 80—2016)；

（9）《江苏省水利基本建设项目危险性较大工程安全专项施工方案编制实施办法》(苏水规〔2015〕6号)；

(10)《建筑施工脚手架安全技术统一标准》(GB 51210—2016);

(11) 新孟河延伸拓浚工程奔牛水利枢纽土建施工与设备安装工程施工图设计;

(12) 施工现场踏勘情况,施工区周围环境情况,施工现场条件情况。

9.3 主体结构模板及支承结构总体设计

9.3.1 模板搭设方案

(1) 南北洞首墙身及顶板

洞首墩墙模板一次整体立模,墩墙迎水面及临土面外露部分采用全新覆膜板,封头非外露部位采用木模板,模板均采用内外脚手及对拉止水螺栓固定。顶板底模采用全新覆膜板,在底板上搭设满堂脚手架做支撑。

洞首墙身模板设计参数见图 9.1 及表 9.1。

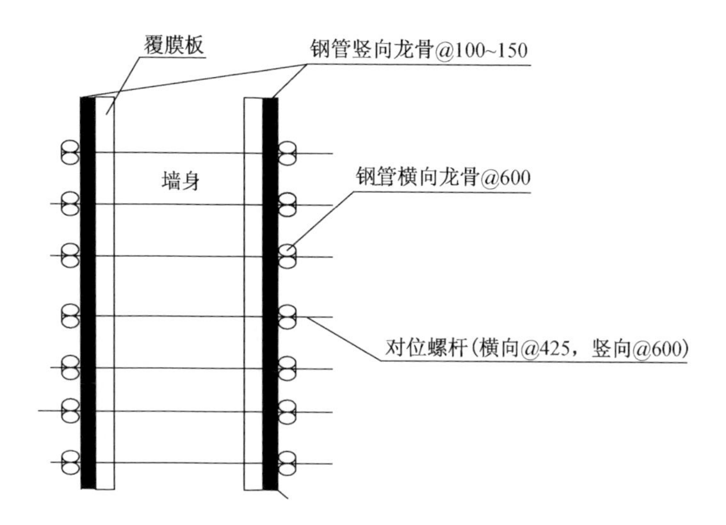

图 9.1 洞首墙身模板设计参数

表 9.1　洞首墙身模板设计参数

序号	构件部位	洞首墙身(厚 1 200 mm)
1	侧向模板	为覆膜板,板厚 15 mm
2	模板竖向龙骨	ϕ48 mm×3.0 mm 钢管@100～150 mm
3	模板横向龙骨	ϕ48 mm×3.0 mm 双钢管@425 mm
4	对拉螺栓	ϕ14 螺纹钢,横向间距 425 mm,竖向间距 600 mm

洞首顶板模板设计参数见图 9.2 及表 9.2。

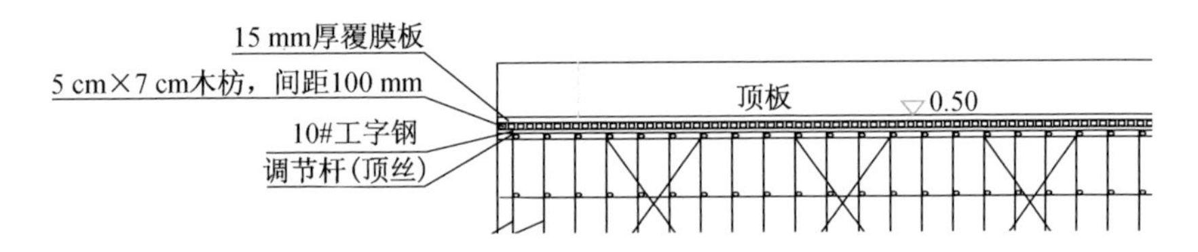

图 9.2　洞首顶板模板设计参数

表 9.2　洞首顶板模板设计参数

序号	构件部位	洞首顶板(厚 1 200 mm)
1	底模板	为覆膜板,板厚 15 mm
2	模板次龙骨	50 mm×70 mm 木枋@100～150 mm
3	模板主龙骨	10＃工字钢@500 mm

(2) 立交地涵洞身

洞身墩墙模板一次整体立模,墩墙迎水面及临土面外露部分采用全新整体大钢模板,封头部位采用定型钢模板,模板均采用内外脚手及对拉止水螺栓固定。顶板底模采用全新大钢模板,在底板上搭设满堂脚手架做支撑。

洞身墙身模板设计参数见图 9.3 及表 9.3。

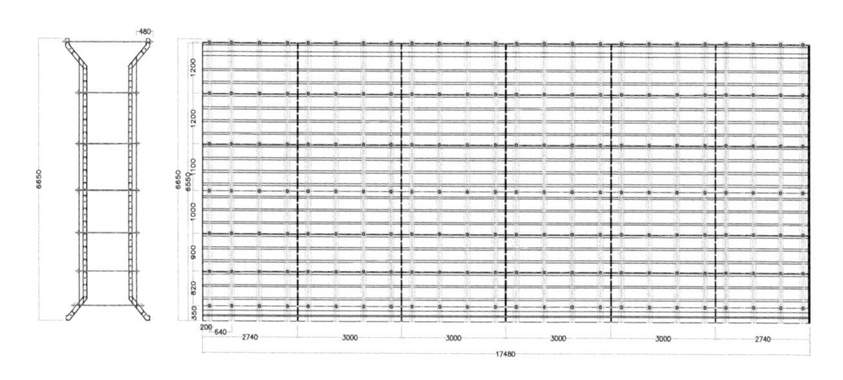

表 9.3　洞身墙身模板设计参数

表 9.3　洞身墙身模板设计参数

序号	构件部位	洞身墙身(厚 1 200 mm)
1	侧模板	为钢模板,面板厚 6 mm
2	墙身横肋	10＃槽钢@300 mm
3	墙身横肋	12＃双槽钢@800 mm
4	对拉螺栓	ϕ16 mm 精轧螺纹钢,横向间距 800 mm, 竖向间距 820～1 200 mm

洞身顶板模板设计参数见图 9.4 及表 9.4。

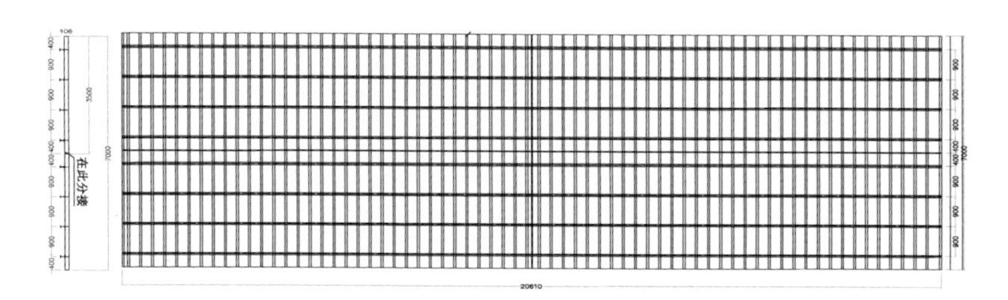

图 9.4　洞身顶板模板设计参数

表 9.4　洞身顶板模板设计参数

序号	构件部位	洞身顶板(厚 1 200 mm)
1	底模板	为钢模板,面板厚 6 mm
2	墙身横肋	10＃槽钢@300 mm
3	墙身横肋	12＃工字钢@750 mm

(3) 船闸、节制闸及北涵首工作桥

闸墩墙模板、工作桥梁底模板、侧向模板及面板均采用 15 mm 厚全新覆膜板,模板采用对拉螺栓和钢管支架固定。模板支架直接在底板上搭设。

闸墩墙模板设计参数见图 9.5 及表 9.5。

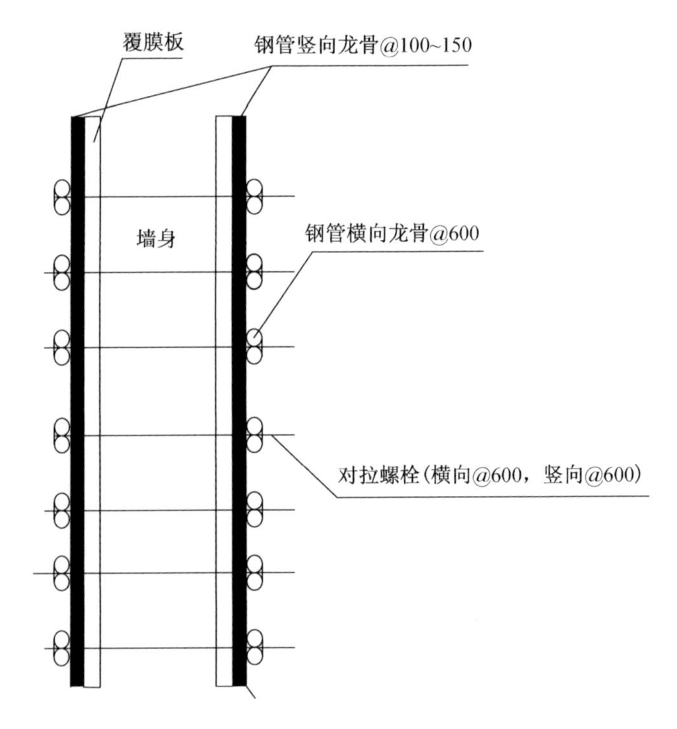

图 9.5　闸墩墙模板设计参数

表 9.5 闸墩墙模板设计参数

序号	构件部位	闸墩墙身
1	侧模板	为 15 mm 厚全新覆膜板
2	墙身竖向龙骨	ϕ48 mm×3.0 mm 钢管@100～150 mm
3	墙身横向龙骨	双钢管@600 mm
4	对拉螺栓	ϕ16 mm 螺纹钢,横向间距 600 mm,竖向间距 600 mm

工作桥模板设计参数见图 9.6 及表 9.6。

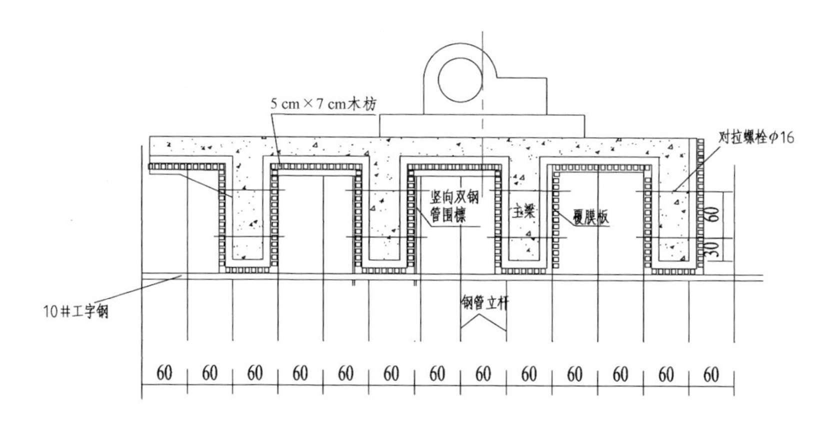

图 9.6 工作桥模板设计参数

表 9.6 工作桥模板设计参数

序号	构件部位	主梁(400 mm×1 600 mm),次梁(300 mm×1 300 mm),面板(厚 250 mm)
1	梁底、侧及板模板	均为 15 mm 厚全新覆膜板
2	梁底次龙骨	50 mm×70 mm 木枋@100 mm
3	梁底主龙骨	ϕ48 mm×3.0 mm 钢管@400 mm
4	梁侧板对拉螺栓	ϕ16 mm 螺纹钢,横向间距 400 mm,竖向间距 600 mm
5	梁侧横向龙骨	50 mm×70 mm 木枋@150 mm

续表

序号	构件部位	主梁(400 mm×1 600 mm),次梁(300 mm×1 300 mm),面板(厚 250 mm)
6	梁侧竖向龙骨	ϕ48 mm×3.0 mm 钢管@400 mm
7	面板次龙骨	50 mm×70 mm 木枋@150 mm
8	面板主龙骨	ϕ48 mm×3.0 mm 钢管

9.3.2　模板体系布置及用料的其他要求

(1) 所有木板、木方的规格尺寸应保证,废烂、檐边、疤节、严重扭曲开裂的不能使用。

(2) 钢管应符合《建筑施工扣件式钢管脚手架安全技术规范》(JGJ 130—2011)要求,进场的钢管不应有裂缝、硬弯,钢管应涂有防锈漆,并具有出厂合格证。

(3) 选择与钢管直径相配的扣件,扣件应进行防锈和润滑处理,旧扣件使用前应进行质量检查,有裂缝、变形的严禁使用,出现滑丝的螺栓必须更换,以确保扣件的力学性能达到规范要求,并具有出厂合格证。

9.3.3　模板系统安装、构造技术措施

(1) 各轴线及标高应按图纸要求明确标出。

(2) 模板的安装顺序为:安装满堂钢管支顶、水平加固杆,安放主龙骨,叠枋(小龙骨),钉顶板底模板或工作桥梁底模板、梁旁板,钉梁侧上下压枋、斜支撑,最后安装面模板。

(3) 满堂模板支顶安装

① 程序:应自一端延伸向另一端,自下而上按步搭设,不可自两端相向搭设或相间进行,以免错位。

② 支顶的底座、垫板均应准确地放在底板上，支架不得浮空架设。

③ 当钢管支撑宽度为 4 跨及以上或 5 个间距及以上时，在周边底层、顶层、中间每 5 列、5 排在每根钢管立杆根部设 ϕ48 mm×3.0 mm 通长水平加固杆，并采用扣件与钢管立杆扣牢。

(4) 安装工作桥梁模板时应设安全操作平台，并严禁操作人员站在梁底模或支架上操作及上下通行。

(5) 底模与横楞应拉结好，横楞与支架应连接牢固。

(6) 安装梁侧模时，应边安装边与底模连接，当侧模高度多于 2 块时，应采取临时固定措施。

(7) 为使模板及支撑系统受力均匀，砼浇筑时应分层均匀下料，减小模板及支撑系统变形。

(8) 模板施工应按经审批的技术方案进行，技术方案未经原审批部门同意，任何人不得修改变更。

9.3.4 模板系统的技术措施

(1) 模板及其钢管应具有足够的承载能力、刚度和稳定性，能可靠地承受浇筑混凝土的重量、侧压力以及施工荷载。

(2) 支撑宜采用先通线后搭设的方法，要保证在一直线上。

(3) 如模板是覆膜板，则不需要刷脱模剂；如采用质量符合要求的旧模板，则须刷脱模剂。模板的拼缝须严密不漏浆，模板安装要求和质量标准应符合《混凝土结构工程施工质量验收规范》(GB 50204—2015)的规定。

(4) 跨度大于 4 m 的梁、板结构的模板要设置 0.3%起拱。

(5) 模板体系完成后由施工员组织班组、质量检查员参加有量化的验收。

(6) 在工作桥梁模板制安时，先制安好梁底板后，从两侧安装大梁钢筋，再制安侧梁侧板及次梁板模板，以保证梁配筋安装尺寸准确。

(7) 砼浇筑时，在工作桥主次梁交叉处设置监控点，随时记录模板变形情况，发现异常要及时停工，并查清原因，排除险情之后方可复工。考虑到梁截面较大的支架受力较大，浇注砼时，不得利用该梁作支撑泵管用，且该梁应分层浇筑。

(8) 建立模板拆除申请制度，在结构砼强度达到规范规定，并经回弹合格后进行，由项目经理部提出拆除申请单，单位技术负责人批准后方可拆除。

(9) 模板的拆除时间必须满足，拟拆除时的砼强度应达到设计强度的100%，主梁模板、支撑须待梁板砼强度达到设计值后方可拆除。

9.3.5 模板支架设计与安装

(1) 模板支架设计

模板支架设计遵守《水闸施工规范》(SL 27—2014)、《建筑施工扣件式钢管脚手架安全技术规范》(JGJ 130—2011)的要求，主要搭设方案如下：

①立交地涵南北洞首模板支架

立交地涵北洞首砼立面施工顺序：分六个层次施工，第一层为底垫层、第二层为底板砼，第三层为洞首墩墙和顶板砼，第四层为洞首上顶板、胸墙、公路桥，第五层为工作桥排架，第六层为工作桥等。

立交地涵南洞首砼立面施工顺序：分四个层次，第一层为砼垫层，第二层为底板，第三层为洞首顶板、墩墙砼，第四层为上层顶板、墩墙、胸墙、交通桥。

洞首墩墙模板一次整体立模，墩墙迎水面及临土面外露部分采用全新覆膜板，封头非外露部位采用木模板，模板固定均采用内外脚手及对拉止水螺栓固定。顶板底模采用全新覆膜板，在底板上搭设满堂脚手架做支撑。

洞首模板内支架为承重支架，采用ϕ48 mm×3.0 mm 钢管搭设满堂支架，间距为50 cm×50 cm，步距为1.5 m。横杆和立杆接长均采用对接扣件连接，顶板及梁底立杆高程不够时采用调节杆接高，调节杆的调节高度控制在30 cm以内。

洞首模板支撑详见附图1:洞首模板及支架布置图。

② 立交地涵洞身模板支架

地涵洞身砼立面施工顺序:垫层→洞身底板→墩墙→顶板。

洞身墩墙模板一次整体立模，墩墙迎水面及临土面外露部分采用全新整体大钢模板，封头部位采用定型钢模板，模板固定均采用内外脚手及对拉止水螺栓固定。顶板底模采用全新大钢模板，在底板上搭设满堂脚手架做支撑。

洞身模板内支架为承重支架，采用ϕ48 mm×3.0 mm钢管搭设满堂支架，间距为50 cm×75 cm，步距为1.5 m。横杆和立杆接长均采用对接扣件连接，顶板底立杆高程不够时采用调节杆接高，调节杆的调节高度控制在30 cm以内。

洞身模板支撑详见附图2:洞身模板及支架布置图。

③ 船闸上下闸首及节制闸闸室墙、工作桥模板及支架

船闸南北闸首、节制闸砼立面施工顺序:垫层→底板→闸墩→排架→工作桥。

闸首墩墙模板采用全新覆膜板，转角或圆弧段采用定制钢模。模板使用对销螺栓和钢管支架固定。模板支架直接在底板上搭设。

闸首模板支架采用ϕ48 mm×3.0 mm钢管搭设满堂支架，工作桥部位支架为承重支架，间距为40 cm×60 cm，步距为1.5 m，其余部位间距为80 cm×60 cm，步距为1.5 m。横杆和立杆接长均采用对接扣件连接，梁底立杆高程不够时采用调节杆接高，调节杆的调节高度控制在30 cm以内。

船闸、节制闸工作桥模板支撑详见附图3:船闸、节制闸工作桥模板及支架布置图。

(2) 模板支架搭设

涵首及洞身的墙身、顶板的模板支架1次搭设到顶。

北涵首工作桥支架搭设计划3次搭设到顶。第一次搭设至▽1.7 m，浇筑到高程▽1.7 m顶板顶；第二次搭设至▽7.5 m，浇筑到高程▽7.5 m交通桥顶；第三次搭设到顶，其架体依然同已浇筑成型的墩墙、排架连接，增强其整体稳定性。

船闸、节制闸工作桥支架搭设计划2次搭设到顶。第一次搭设至▽7.5 m，浇筑到高程▽7.5 m闸墩顶；第二次搭设到顶，其架体依然同已浇筑成型的墩墙、排架连接，增强其整体稳定性。

搭设流程：施工放样→安放垫板→竖立杆同时安装扫地杆→搭设水平杆→搭设剪刀撑(斜撑)→挂设安全网→铺脚手板→搭设挡脚杆和栏杆。

搭设脚手架时扣件规格必须与钢管外径相同，螺栓拧紧扭力矩控制在40～65 N·m之间，在主节点处固定横向水平杆、纵向水平杆、剪刀撑、斜撑等用的直角件、旋转扣件的中心点相互距离小于15 cm，对接扣件开口朝上或朝内，各杆件端头伸出扣件盖板边缘的长度不应小于100 mm。

① 立杆

每根立杆的底部设统一厚度的钢垫板。扫地杆采用直角扣件紧密固定在距底座以上20 cm处的立杆上。

立杆上的对接扣件交错布置，两根相邻立杆的接头相互错开，不设置在同步内，同步内隔一根立杆的两个相隔接头在高度方向错开的距离大于50 cm，各接头中心至主节点的距离小于步距的1/3。

竖立杆时应由两人配合操作。大、小横杆与立杆连接时，也必须两人配合。

脚手架搭设中累计误差超过允许偏差，必须纠正。每搭完一步脚手架后，按规定校核步距、纵距、横距、立杆的垂直度。确保支架立杆

2 m 高度的垂直度偏差小于 1.5 cm，累计偏差小于 5 cm。

② 横杆

纵向水平杆（大横杆）设置在立杆内侧，其长度不应小于 3 跨，水平杆接长采用对接扣件连接，交错布置，两根相邻纵向水平接头设置不应放在同步或同跨内，接头位置相互错开大于 50 cm，各接头中心至最近主节点的距离小于纵距的 1/3。

横向水平杆（小横杆）的各节点处采用直角扣件固定在纵向水平杆（大横杆）上，接头处理与大横杆相同。

水平杆与水平杆之间，以及水平杆与立杆之间的各个节点处均采用直角扣件扣接，且严禁拆除。

水平杆的步距偏差小于 2 cm，每根纵向水平杆的两端高差小于 2 cm，同跨内横向水平杆的两端高差小于 1 cm。

为确保模板支架的刚度和稳定性满足要求，纵向横杆必须全部与能接触到的墩墙等顶撑牢固。

③ 剪刀撑

支架四边与中间每隔 3～5 排支架立杆，设置一道剪刀撑，双向布置，剪刀撑由底至顶连续设置。斜杆与地面的倾角控制在 45°～60°之间。

剪刀撑斜杆的接长采用搭接，搭接长度大于 1 m。两根撑杆须交错布置，同立杆的交错相同。剪刀斜杆应用旋转扣件固定在与其相交的横向水平杆的伸出端或立杆上，旋转扣件中心线至主节点的距离小于 150 mm，搭接接头的搭接长度不小于 100 cm，采用不少于 3 根旋转扣件固定。

④ 安全防护

随着脚手架的上升，每两至三步挂一道安全网。脚手架顶上下游两侧各设一道防护杆，高度分别约为 1.2 m。

仓面脚手板除梁的位置外满铺。当脚手板长度小于 2 m 时，采用两根横向水平杆支撑，但将脚手板两端与其可靠固定，严防倾翻。脚手板的铺设采用对接平铺或搭接铺设。脚手板对接平铺时，接头处必须设两根横向水平杆，脚手板外伸长取 13～15 cm，两块脚手板外伸长度的和小于 30 cm；脚手板搭接铺设时接头必须支在横向水平杆上，搭接长度大于 20 cm，其伸出横向水平杆的长度大于 10 cm。端部脚手板探头长度取 15 cm，其板长两端均与支撑杆可靠固定。

(3) 模板支架验收

① 模板脚手架必须由持证人员搭设，随脚手架的增高逐层对其进行检查及分段验收，不符合要求的应迅速整改。

② 脚手架分段验收应按 JGJ 59—2011 中“脚手架检查评分表”所列项目和施工方案要求的内容进行检查，填写验收记录单，并有搭设人员、安全员、施工员、质检员、现场负责人等签证，方能交付使用。

③ 检查的内容

a. 脚手架的基础

地基的平整和压实情况；

垫层的厚度、平整度和压实情况。

b. 脚手架的形态

脚手架与建筑物结构间的距离；

脚手架连接部位的锁片扣情况；

加固杆及扶手栏杆的完整性与牢固度。

c. 连接件

连接杆水平方向和垂直方向的距离；

与建筑物结构间的距离。

(4) 脚手架搭设的劳力安排

① 根据工程规模和外脚手架的数量确定搭设人员的人数，明确分工并进行技术及安全交底。

② 必须建立由项目经理、施工员、安全员、搭设技术人员组成的管

理机构，搭设负责人向项目经理负责，负有指挥、调配、检查的直接责任。

③ 外脚手架的搭设和拆除必须配备有足够的辅助人员和必要的工具。

(5) 脚手架的使用和保养

脚手架搭设验收投入使用后，安全员应经常性认真地进行检查保养，以保证脚手架能正常使用。脚手架的保养有日常的例行保养和定期的安全检查两种。内容有：

① 各类安全设施(安全网、安全隔离、扶手、栏杆、登高设施等)的完整与齐全；

② 脚手架的使用荷载是否符合要求，有无超载现象；

③ 连接杆是否齐全、完整与牢靠；

④ 杆件有否变形；

⑤ 脚手架的整体和局部稳定情况；

⑥ 立杆的竖直度；

⑦ 基础的沉降情况；

⑧ 清理杆件、螺栓上杂物与油污；

⑨ 水平杆件的平整和完整；

⑩ 特殊部位的加固情况；

⑪ 防雷接地设施的完整。

9.3.6 模板及支架拆除施工要求

(1) 模板拆除的时间

本工程采用木模板部位，为体现出清水混凝土的效果，所有模板均采用一次摊销不周转使用。侧模拆除时的混凝土强度应能保证其表面及棱角不受损伤。

水平模板及支撑则应根据混凝土的强度试压报告，符合《混凝土结构工程施工规范》(GB 50666—2011)规定要求后进行，拆除时的混凝土强度应达到设计强度的100%。

(2) 模板的拆除顺序和方法

本工程工作桥梁系模板拆除顺序和要求：模板拆除一般次序宜按主梁→次梁。拆除作业必须由上而下逐道进行，严禁上下同时作业。拆除底模步骤是先卸低支撑，再拆下主龙骨、次龙骨，然后剥离模板，拆下材料严禁从高处抛掉下，防止对支承面板产生冲击。拆模时严禁用大锤橇棍等硬砸硬橇。

梁模板：两端固定的梁底模，应先从中间开始卸低支撑，然后向两端依次逐个卸低支撑，使梁的正弯矩荷载逐渐增加，严禁从端部开始拆卸(负弯矩区变成承受正弯矩)；悬臂构件应从悬臂端开始卸低支撑，依次逐个卸低支撑，使悬臂端负向弯矩逐渐增加，严禁从支座端开始拆卸支撑。

(3) 支顶、模具料的搬运

钢管在搬运时，应把所有的附着件拆除，运到材料员指定的地方分类堆放。拆下的模板及时清理黏结物，涂刷脱模剂，并分类堆放整齐，拆下的扣件及时集中统一管理。

(4) 拆除模板的脚手架

当混凝土强度达到设计强度并经项目部现场负责人同意后，方可拆除脚手架，拆除前做好技术交底及安全交底工作。

① 拆除的准备工作

为保证脚手架在拆除过程中的稳定性，拆除脚手架必须完成下列准备工作：

a. 全面检查脚手架，重点检查扣件连接固定、支撑体系等是否符合安全要求；

b. 脚手架拆除前进行安全、技术交底；

c. 拆除现场设围栏或警戒标志，并安排专人看护；

d. 清除脚手架上留存的材料、工具、建筑垃圾等杂物；

e. 拆除架子的工程区域，禁止非操作人员进入；

f. 拆架前，应有现场施工负责人批准手续，拆架子时由专人指挥，做到上下呼应，动作协调。

② 脚手架拆除

a. 拆除顺序是后搭设的部件先拆，先搭设的后拆；

b. 固定件随脚手架逐层拆除，当拆除至最后一节立柱时，先搭设临时支撑加固，方可拆除固定件和支撑件；

c. 拆脚手架一层一清，分段拆除时高差不大于 2 步架；

d. 拆剪刀撑和纵向水平杆时，先拆中间扣件，拆扣件时，采用绳索临时固定、防止杆件突然坠落的措施；

e. 拆除脚手架中间不换人，如必须换人，应将拆除情况交代清楚；

f. 拆除脚手架部件，钢管逐层传递到地面上，扣件等用袋装并用绳吊运到地面上，严禁从空中向下抛掷；

g. 运至地面的脚手架部件，及时清理、保养，根据需要涂刷防锈油漆，并按品种、规格入库堆放。

9.3.7 安全技术措施

(1) 模板安装安全措施

① 模板的安装与拆除均由施工现场安全责任人对工人进行方案交底。支模过程中应遵守安全操作规程，如遇中途停歇，应将就位的支架、模板联结稳固，不得空架浮搁。拆模间歇时应将松开的部件和模板运走，以防坠下伤人。

② 模板上堆放材料要均匀，要符合构件的使用荷载，泵送混凝土出料应及时分摊到其他地方，临时料堆放高度不得超过 300 mm。

③ 模板安装须有稳固的脚手架防护，操作人员上落应走斜道或稳固的靠梯，高空作业无安全保护的要佩戴安全带。

④ 模板安装过程应保证构件的稳定性，有措施防止模板（高支撑）的倾覆。

⑤ 使用电器和机具应符合《施工现场临时用电安全技术规范》（JGJ 46—2005）、《建筑机械使用安全技术规程》（JGJ 33—2012）的规定。

⑥ 高度超过 2 m 的安装及拆卸作业，应搭设临时性的脚手架或门式架，必须正确佩戴安全带。

⑦ 高度超过 4 m 的模板拆除，不得让材料自由落下及大面积撬落，操作时必须注意下方人员的动向。

⑧ 操作人员上下通行时，不能攀登模板或脚手架，不许在墙顶、独立梁及其他狭窄而无防护的模板上面行走。

⑨ 模板支顶安装后，由项目部组织验收，合格后才能进入下道工序。

⑩ 浇灌砼时，支顶下不得站人，质安员检查支顶变形情况，发现异常，立即停止浇灌并疏散施工人员，同时对模板支撑体系进行整改。经安全员检查核实整改好的模板体系安全后，方可继续砼浇筑作业。

（2）拆模安全技术措施

① 模板拆卸作业，必须遵守安全操作规程。

② 模板支撑拆除前，混凝土强度必须达到设计要求，并应申请，经技术负责人批准后方可进行。

③ 模板拆除时要搭设稳固的脚手架，不许有空隙、松动或探头脚手板，下方设警戒线和监护人员。

④ 模板的拆除应按照先支的后拆、后支的先拆、先拆非承重模板、后拆承重模板，并应从上而下进行拆除。

⑤ 拆模必须拆除干净，不得留有悬空模板。

⑥ 拆下的模板不准随意向下抛掷，应及时清理。通道口、脚手架边缘严禁堆放任何拆下物件。

⑦ 拆模间歇时，应将已活动的模板、木枋、支撑等运走或妥善堆放，防止因踏空、扶空而坠落。

⑧ 材料应按编号分类堆放，减少损耗。

⑨ 有关安全防火、质量管理、文明施工本方案未详之处，须执行公司上级标准和规定。

（3）模板支架搭设安全措施

① 搭设作业人员必须持有劳动部门、建设主管部门核发的合格架子工证和安全培训上岗证，并经三级教育后才可以上岗。

② 严禁作业人员酒后上班，禁止赤脚或穿拖鞋，应该穿防滑鞋上班，系安全带。

③ 开工前，施工现场安全负责人必须按照高空作业操作规程进行操作，其余按有关安全规程执行。

④ 搭设高支模架时，立杆必须垂直，大小横杆要平直、畅顺。

⑤ 高支模架料在垂直传递或运输时要注意人员的站位安全，不允许在高处抛掷物料。

⑥ 如遇大、暴雨或五级以上强台风、大风，不得进行高空高支模架的搭拆作业，正在进行作业的，应立即停止，并把高支模架上的材料放平、放稳。

⑦ 高支模架施工期间，施工员每日检查，按进度与项目部进行交接验收；质检员、安全员不定期进行质量和安全巡检、公司对工程进行抽检，确保工程质量。

⑧ 所有扣件螺栓必须拧紧，主龙骨层的扣件，质检员、安全员必须对扣件的螺栓松紧进行检查。

⑨ 高支模架从下而上分段搭设；作业区域设警戒禁止非作业人员进入，拆除时要从上而下逐层拆除，严格执行高支模架拆除的安全技术要求；拆下材料严禁抛掷落下。

⑩ 在模板施工时不能拆动、拆松、拆除高支横架的扣件。

⑪ 发现高支模架异常，应及时报告相关部门处理。

(4) 其他安全技术措施

① 方案经评审通过后，必须严格按方案施工，不能随意改变。所使用的门式架、扣件、木枋、模板必须符合相应质量标准；基础必须有足够的承载能力。

② 架子工和木工身体健康状况应适合高空作业的身体条件要求。架子工作业时应佩戴安全带并正确使用安全检查带，架体安装拆除和传递材料时应站稳并吊挂好安全绳扣。高支模施工的顶层纵横水平杆设置防护棚或张挂水平安全网，以下空间根据支承面高度设置防高处坠落设施。木工安装横梁模时应站在临时工作台。

③ 搭设和拆卸作业时设置警戒区，并派人监护。材料输送采用接力传递方式，严禁抛掷。架子工使用工具宜设保险绳，零细零件和工具放在工具袋。木工拆下模板、木枋先小心集中放稳，然后传递到支承面，严禁抛掷自由落下。模板漏浆残块或混凝土渣应看清下方人员撤出后才能凿除。

④ 电线电缆正确架设，严禁电线电缆绑扎在支架上。支撑架搭设后需进入内部作业时，使用手电筒或安全电压行灯。

⑤ 对个别设计的异型钢模及非标准配件应经过力学计算和实验鉴定。不符合要求者不得使用，主要指无出厂合格证或未经试验鉴定的钢模板及配件不得使用。

⑥ 对大型或技术复杂的模板工程，应按照施工设计和安全技术措施，组织操作人员进行技术训练，一定要使作业人员充分熟识和掌握施工设计及安全操作技术。

9.3.8 安全应急预案

(1) 事故类型和危险性程度分析

事故类型有：脚手架承重超负荷；脚手架架设不规范；脚手架地基

处理不牢固;搭设脚手架的钢管或扣件不合格;操作人员无证上岗;其他自然灾害致使脚手架倒塌的意外事故。

(2) 脚手架工程安全应急处置的原则

① 以人为本,减少危害

脚手架事故主要后果是对现场作业人员的身体伤害,因此该事故应急处置应当把保障员工和人民群众生命安全及身体健康、最大程度地预防和减少安全生产事故灾难造成的人员伤亡作为首要任务。

② 快速反应,协调应对

建立反应灵敏、协调有序、运转高效的应急管理机制,建立内部现场救援队伍与地方专门联动协调制度,充分发挥合作优势,是脚手架事故中受害人的生命、健康保障。

③ 强化安全检查制度,提高安全生产意识

把平时的突发脚手架事故应急处置与日常施工生产过程中的安全检查、教育培训、安全防护相结合,使施工作业人员的安全生产意识、应急救援准备、指挥和救援方式等同步提高,实现脚手架应急救援与平时安全防护、预警的有机统一。

(3) 应急物资

常备药品:消毒用品、急救物品(绷带、无菌敷料)及各种常用小夹板、担架、止血袋、切割机等。

(4) 事故预防措施及伤员抢救应急措施

① 事故预防措施

a. 人员要求:脚手架搭设人员必须是经过国家现行标准《特种作业人员安全技术培训考核管理规定》考核合格的专业架子工,并持证上岗。架子工属高空作业工种之一,应定期进行体检,凡患有高血压、低血压、严重心脏病、贫血病、癫痫病等疾病不得从事高处作业。高处作业者必须使用安全帽、安全带,穿软底鞋,登高前严禁喝酒,并清除鞋底泥沙和油垢。

b. 技术及安全生产要求：脚手架在搭设前按规定要求进行荷载及结构计算。脚手架在搭设、拆除前按照方案要求由项目部进行技术交底。对钢管、扣件、脚手板等进行检查验收，不合格的构件不得使用。钢管脚手架必须按《建筑施工扣件式钢管脚手架安全技术规范》(JGJ 130—2011)要求搭拆。脚手架上不能集中堆放材料，结构施工均布荷载不得超过 3 kN/m^2。人行斜道和运料斜道的脚手板上应每隔 250～300 mm 设一根防滑木条，木条厚度宜为 20～30 mm。脚手架和起重设备上空及邻近空间如有高压线、电线，按安全距离控制。六级强风和雨雪天及夜间，应停止脚手架搭设及拆除。施工现场应配备必要的消毒药品和急救药品，确保应急需要。清除地面杂物，搭设场地要平整无积水，并保证排水畅通。

② 伤员抢救应急措施

a. 用切割机等工具抢救被脚手架压住的人员，并转移到安全地方。

b. 保持呼吸道畅通，消除伤口、鼻、咽、喉部的异物，血块、呕吐物等。

c. 若伤员出现呼吸、心跳骤停，应立即进行心肺复苏、人工胸外心脏按压、人工呼吸等。

d. 进行简易的包扎止血或骨折简易固定。

e. 立即拨打 120 急救中心与医院联系或拨打 110、119 救护帮助，详细说明事故的地点、程度及本部门的联系电话，并派人到路口接应。

(5) 现场应急处置措施

① 施工现场发生脚手架坍塌事件，应立即对受伤人员进行急救，并设立危险警戒区域，严禁与应急抢险无关的人员进入。

② 迅速确定事故发生的准确位置、可能波及的范围、脚手架损坏的程度、人员伤亡情况等，以根据不同情况进行应急处置。

③ 按着救人优先的原则，且在保障人身安全的情况下尽可能地抢

救重要资料和财产，并注意做好应急人员的自身安全。

④ 组织人员尽快解除重物压迫，减少伤员挤压综合症发生，并将其转移至安全地方。

⑤ 对未坍塌部位进行抢修加固或者拆除，封锁周围危险区域，防止进一步坍塌。

⑥ 如发生大型脚手架坍塌事故，必须立即划出事故特定区域，非救援人员未经允许不得进入特定区域。迅速核实脚手架上作业人数，如有人员被坍塌的脚手架压在下面，要立即采取可靠措施加固四周，然后拆除或切割压住伤者的杆件，将伤员移出。如脚手架太重可用吊车将架体缓缓抬起，以便救人。

⑦ 现场急救条件不能满足需求时，必须立即上报当地政府有关部门，并请求必要的支持和帮助。拨打 120 急救电话时，应详细说明事故地点和人员伤害情况，并派人到路口进行接应。在没有人员受伤的情况下，应根据实际情况对脚手架进行加固或拆除，在确保人员生命安全的前提下，组织恢复正常施工秩序。

(6) 启动程序、应急联系电话

① 项目部发生安全事故时启动程序

a. 项目部应急救援领导小组组长负责指挥工地抢救工作，向小组成员按职责下达抢救指令任务，并指导、协调抢救工作。

b. 在第一时间向 110、119、120 发出求救信号。

c. 向公司应急救援领导小组或安全部报告事故情况及救援情况。

d. 向当地政府安监部门报告事故情况及救援情况。

e. 公司安全部接到报告后及时向公司安全主管报告，视情况同时报告公司总经理。公司总经理按突发事故的性质，组织应急小组按各自职能采取应急措施准备，及时赶赴事故现场，以防止事故进一步扩大。

f. 公司总经理根据有关法规及时、如实地向负责安全生产监督管理的部门、建设行政主管部门或其他有关部门报告。

② 应急联系电话

急救中心:120　火警:119　电力抢修:95598

9.4 模板及支承架强度及稳定计算

9.4.1 材料与荷载取值

(1) 材料参数

模板与支架系统所用的材料特性及力学特性如表 9.7、表 9.8 所示。

表 9.7　材料特性参数

序号	材料	规格	自重	截面积 S(mm²)	惯性矩 I (mm⁴)	弯曲截面系数 W(mm³)
1	覆膜板	15 mm	900 kg/m³	15 000	28.10×10^4	37.50×10^3
2	方木	5 cm×7 cm	800 kg/m³	3 500	142.90×10^4	40.83×10^3
3	工字钢	I10	11.20 kg/m³	1 430	245×10^4	49×10^3
4	支架钢管	ϕ48 mm×3 mm	3.50 kg/m³	424	10.78×10^4	4.49×10^3
5	钢板	6 mm	47.10 kg/m³	6 000	1.80×10^4	6×10^3

表 9.8　材料力学参数

序号	材料名称	规格	抗弯强度 (MPa)	抗剪强度 (MPa)	弹性模量 (MPa)
1	覆膜板	15 mm	35	—	1×10^4
2	方木	5 mm×7 cm	11	1.40	1×10^4
3	工字钢	I10	215	125	2.06×10^5
4	支架钢管	ϕ48 mm×3 mm	215	125	2.06×10^5
5	钢板	6 mm	215	125	2.06×10^5

(2) 荷载取值与组合

① 顶板新浇筑砼自重,按均布荷载计算:

混凝土容重取 25.50 kN/m³,

高度 1.20 m,

P_1 =25.50 kN/m³×1.2 m=30.60 kN/m²。

② 梁新浇筑砼自重,按均布荷载计算:

混凝土容重取 25.50 kN/m³,

高度 1.60 m,

P_1 =25.50 kN/m³×1.6 m=40.8 kN/m²。

③ 模板及其支撑荷载,按均布荷载计算:

覆膜板自重为 9 kN/m³,每平方米重量为 9 kN/m³×0.015 m=0.14 kN/m²,

方木自重为 8 kN/m³,5 cm×7 cm 方木每米自重 8 kN/m³×0.07 m=0.06 kN/m²,

10#工字钢自重:11.2 kg/m³,每平方米重量为 11.2 kg/m³×10 m÷1 000÷0.5=0.22 kN/m²。

④ 施工机具人员荷载按规范规定:P_3=2.50 kN/m²。

⑤ 砼施工倾倒荷载按规范规定:P_4=4.00 kN/m²。

⑥ 砼施工振捣荷载按规范规定:P_5=2.00 kN/m²。

进行各项验算时,荷载效应组合如下表 9.9 所示。

表 9.9　荷载效应组合

序号	项目	参与组合荷载的类别	
		强度验算	位移验算
1	模板验算	1+2(1)+3+4+5	1+2(1)
2	方木验算	1+2(1)+2(2)+2(3)+3+4+5	1+2(1)+2(2)
3	工字钢验算	1+2+3+4+5	1+2(1)+2(2)+2(3)

当计算强度时，用极限承载力法，采用荷载基本组合，即永久荷载分项系数应取 1.35，可变荷载的分项系数应取 1.40，当计算构件变形（挠度）的荷载设计值时，各类荷载分项系数均取 1.00。

9.4.2 结构简化模型与计算分析

（1）涵洞部分

① 涵洞洞首顶板

洞首墩墙模板一次整体立模，墩墙迎水面及临土面外露部分采用全新覆膜板，封头非外露部位采用木模板，模板固定均采用内外脚手及对拉止水螺栓固定。顶板底模采用全新覆膜板，在底板上搭设满堂脚手架做支撑。

洞首模板内支架为承重支架，采用 ϕ48 mm×3 mm 钢管搭设满堂支架，间距为 50 cm×50 cm，步距为 1.5 m，相关结构图如图 9.7 所示。

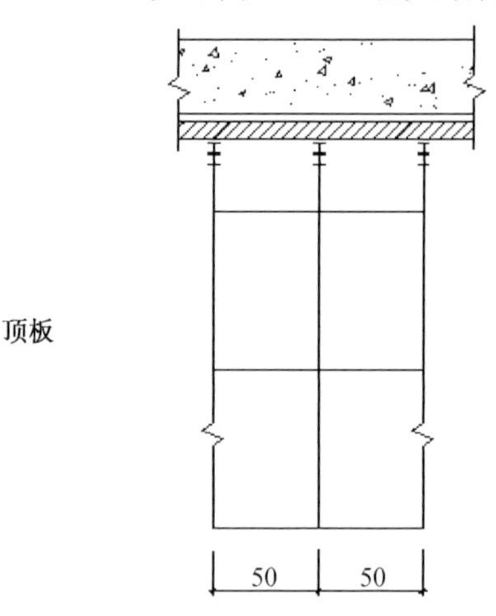

图 9.7 洞首顶板模板及支承结构图

a. 顶板模板计算分析

取单位宽度模板进行验算，按照跨距 S=12.50 cm（方木净距）连续梁计算面板强度，计算时按照 5 跨考虑，计算模型如图 9.8 所示。

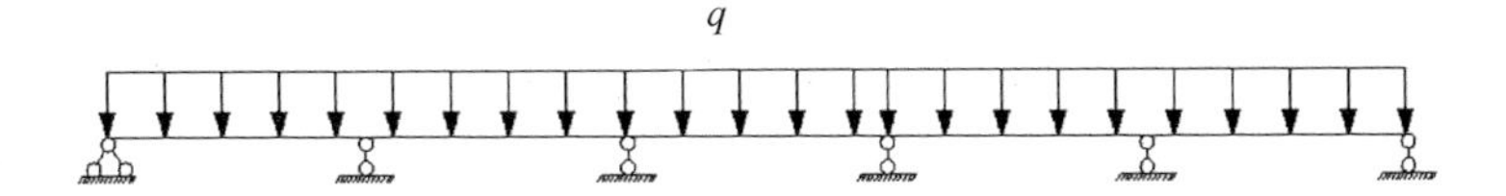

图 9.8 洞首顶板模板计算模型

综上：$q_1 = 1.35 \times (30.6 + 0.14) \times 1 + 1.4 \times 8.5 \times 1 = 53.40$ kN/m；

$q_2 = 30.60 + 0.14 = 30.74$ kN/m。

弯矩图如图 9.9 所示。

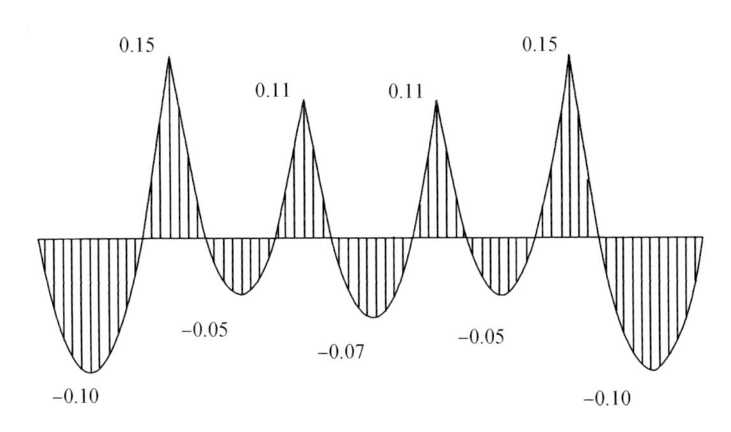

图 9.9 洞首顶板模板弯矩(kN · m)

验算：

抗弯强度验算：$\sigma = M_{max}/W = 0.095 \times 10^3 \times 10^3/(37.5 \times 10^3) = 2.5$ Mpa$<[\sigma]=35$ MPa。

抗剪强度验算：$\tau = F_S/bh = 53.4 \times 125/(1\,000 \times 15 \times 2) = 0.23 < [\tau] = 1.4$ MPa。

挠度计算：$f_1 = 5q_2l^4/384EI = 5 \times 30.375 \times 125^4/(384 \times 1 \times 10^4 \times 28.1 \times 10^4) = 0.03$ mm$<[f]=125/400=0.3$ mm。

经验算,符合要求。

b. 次龙骨计算分析

取单位宽度进行验算,按照跨距 $S=50$ cm(工字钢净距)连续梁计算面板强度,计算时按照 3 跨连续梁考虑,计算模型如图 9.10 所示。

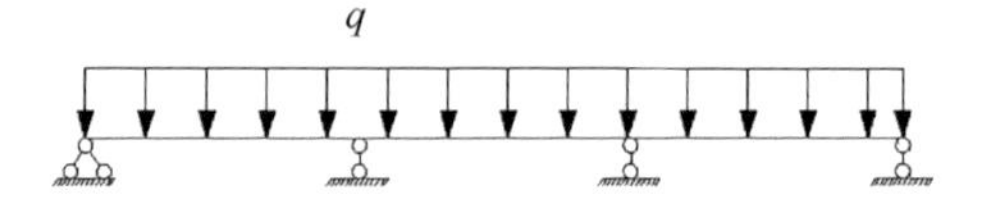

图 9.10　洞首顶板模板次龙骨计算模型

综上:$q_1=1.35\times(30.6+0.135+0.056)\times0.125+1.4\times8.5\times0.125=6.6835$ kN/m;

$q_2=(30.6+0.14+0.06)\times0.125=3.85$ kN/m。

弯矩图如图 9.11 所示。

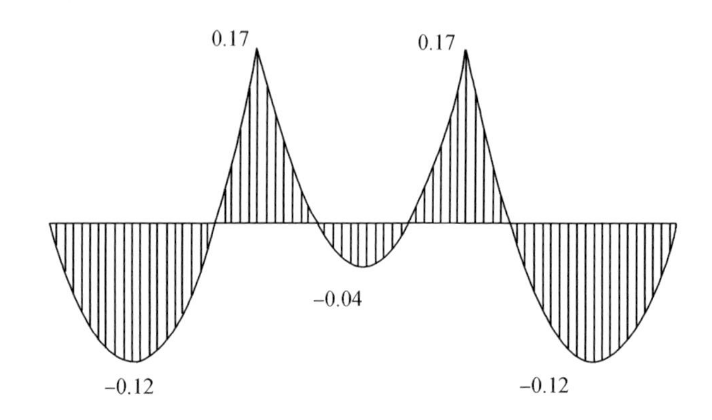

图 9.11　洞首顶板次龙骨弯矩(kN·m)

验算:

抗弯强度验算:$\sigma=M_{max}/W=0.17\times10^3\times10^3/(40.83\times10^3)=4.2$ MPa$<[\sigma]=35$ MPa。

抗剪强度验算:$\tau=F_S/bh=6.6835\times500/(50\times70\times2)=0.48<$

$[\tau]=1.4$ MPa。

挠度计算：$f_1=5q_2l^4/384EI=5\times3.85\times500^4/(384\times1\times10^4\times142.9\times10^4)=0.22$ mm$<[f]=500/400=1.25$ mm。

经验算，符合要求。

c. 主龙骨计算分析

取单位宽度进行验算，按照跨距 $S=50$ cm（工字钢净距）连续梁计算面板强度，计算时按照 5 跨连续梁考虑，计算模型如图 9.12 所示。

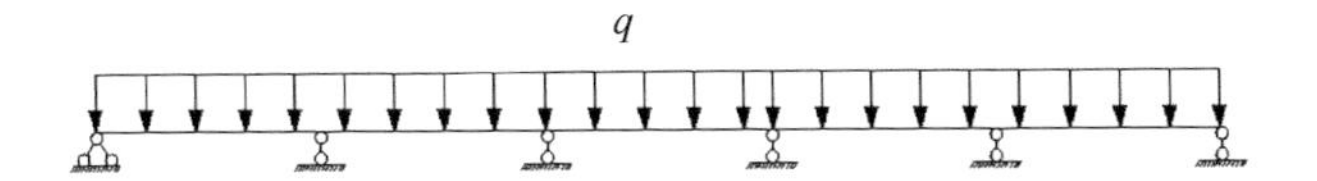

图 9.12 洞首顶板模板主龙骨计算模型

综上：$q_1=1.35\times(30.6+0.135+0.056+0.224)\times0.5+1.4\times8.5\times0.5=26.89$ kN/m；

$q_2=(30.6+0.135+0.056+0.224)\times0.5=15.5$ kN/m。

弯矩图如图 9.13 所示。

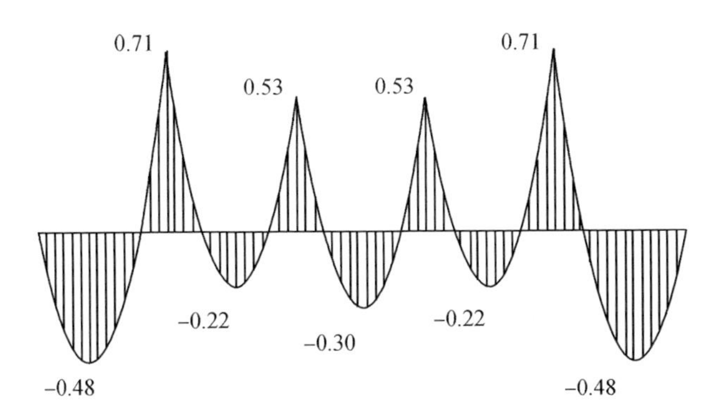

图 9.13 洞首顶板主龙骨弯矩(kN·m)

验算：

抗弯强度验算：$\sigma=M_{max}/W=0.71\times10^3\times10^3/(49\times10^3)=$

14.49 MPa<[σ]=215 MPa。

抗剪强度验算：$\tau = F_s \times S^* / I_Z d = 26.89 \times 0.5 \times 1\ 000/(4.5 \times 85.9) = 34.78 < [\tau] = 125$ MPa。

挠度计算：$f_1 = 5q_2 l^4/384EI = 5 \times 15.5 \times 500^4/(384 \times 2.06 \times 10^5 \times 245 \times 10^4) = 0.025$ mm$< [f] = 500/400 = 1.25$ mm。

经验算，符合要求。

d. 洞首满堂脚手架计算分析

立杆轴向力设计值按式(9.1)进行计算：

$$N = 1.2 \sum N_{GK} + 1.4 \sum N_{QK} \tag{9.1}$$

式中：N ——立杆轴向力设计值；

$\sum N_{GK}$ ——模板及支架自重，新浇混凝土自重和钢筋自重标准值产生的轴向力总和；

$\sum N_{QK}$ ——施工人员及施工设备荷载标准值和风荷载标准值产生的轴向力总和。

代入数据，求得：

$N = 1.2 \times (25.5 \times 1.2 + 1) \times 0.5 \times 0.5 + 1.4 \times (1 + 2) \times 0.5 \times 0.5 + 1.2 \times 0.2 \times 10 = 12.93$ kN

立杆强度计算：

已知ϕ48 mm×3 mm 的钢管计算得 $A = 424.1$ mm^2，则：

$\sigma = N/An = 12.93 \times 1\ 000/424.1 = 30.488(N/mm^2)\leqslant [f] = 215$(N/mm^2)

强度符合要求。

立杆稳定性按式(9.2)进行计算：

$$\frac{N}{\varphi A} < [\sigma] \tag{9.2}$$

支架立杆的回转半径 $i=15.90$ mm，立杆的步距取 1.5 m，支架立杆长度按式(9.3)、式(9.4)计算，并取其中的较大值：

$$l_0 = \eta h \tag{9.3}$$

$$l_0 = h' + 2ka \tag{9.4}$$

代入数据求得：

$$l_0' = 1.15 \times 1.5 = 1.725 \text{ m}$$

$$l_0'' = 1 + 2 \times 0.7 \times 0.65 = 1.9 \text{ m}$$

则长细比为：

$$\lambda = \mu l_0 / i = 1 \times 1900/15.90 = 119.5$$

查《建筑施工承插型盘扣式钢管支架安全技术规范》(JGJ 231—2010)附录 D：$\varphi = 0.352$，则有：

$$\frac{N}{\varphi A} = \frac{12.93 \times 10^3}{0.352 \times 450} = 81.6 \text{ MPa} < \sigma_{\max} = 310 \text{ MPa}$$

立杆稳定性复合要求。

剪刀撑验算：

风荷载标准值按式(9.5)进行计算：

$$W_k = \mu_s w_0 \tag{9.5}$$

其中：W_k ——风荷载标准值；

μ_s ——结构风载体型系数，按现行国家标准《建筑结构荷载规范》(GB 5009—2012)的规定，查表可得该结构风载体型系数取 1.3；

w_0 ——基本风压，按现行国家标准《建筑结构荷载规范》(GB 5009—2012)的规定采用，常州市基本风压按十年一遇风压值采用，$w_0=0.25$ kN/m^2。

将数据代入公式，可求得：

$$W_k = \mu_s w_0 = 1.3 \times 0.25 = 0.325 \text{ kN/m}^2$$

剪刀撑轴力按式(9.6)进行计算:

$$F = \frac{M}{d} \tag{9.6}$$

式中:F——剪刀撑轴力;

M——结构在风荷载下的最大弯矩值;

d——剪刀撑到最大弯矩点的距离。

在风荷载标准值作用下,结构的最大弯矩 M 为 6.87kN·m,剪刀撑力臂 d 为 5.04 m。代入公式,可求得:

$$F = \frac{6.87}{5.04} = 1.36 \text{ kN}$$

抗拉强度:$\sigma = F/A = 1.36 \times 2.5 \times 1\,000/424 = 8.02 \text{ MPa} < [\sigma] = 215 \text{ MPa}$。

按照每 2.5 m 布置一根剪刀撑的布置方式,符合要求。

② 洞首侧墙模板计算分析

a. 洞首侧板

验算侧向模板时,模板的侧压力取以下式(9.7)、式(9.8)中较小值:

$$P = K_1 \times Y \times H \tag{9.7}$$

$$P = 0.22 \times Y \times t_0 \times b_1 \times b_2 \times V^{1/2} \tag{9.8}$$

式中:P——新浇混凝土对侧面模板的最大侧压力(kPa);

K_1——外加剂修正系数,取 1.0;

H——有效压头高度(m),最大侧压力在最底部,取 $H = 5.3$ m;

Y——混凝土的容重,取 25.5 kN/m^3;

t_0——新浇混凝土的初凝时间(h),取 1 h;

b_1——外加剂影响修正系数，取 1.0；

b_2——混凝土坍落度影响修正系数，取 0.85；

V——混凝土的浇筑速度(m/h)，取 2.0 m/h。

代入公式得：

$P=1.0\times25.5\times5.3=135.15\ \mathrm{kN/m^2}$

$P=0.22\times25.5\times1\times1.0\times0.85\times2^{1/2}=6.74\ \mathrm{kN/m^2}$

综上，取 $P=6.74\ \mathrm{kN/m^2}$，则：

$q_1=1.35\times(6.74+0.135)+0.22\times1.4\times8.5=11.90\ \mathrm{kN/m}$

$q_2=6.74+0.135=6.88\ \mathrm{kN/m}$

计算时按照 5 跨连续梁考虑，跨距为 0.15 m(次龙骨间距)，计算模型如图 9.14 所示。

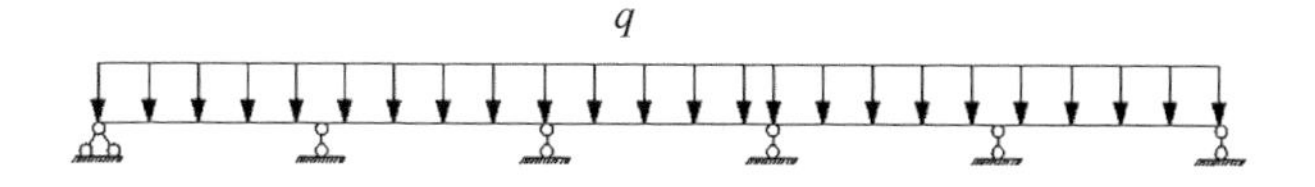

图 9.14　洞身侧墙模板计算模型

计算弯矩简图如图 9.15 所示。

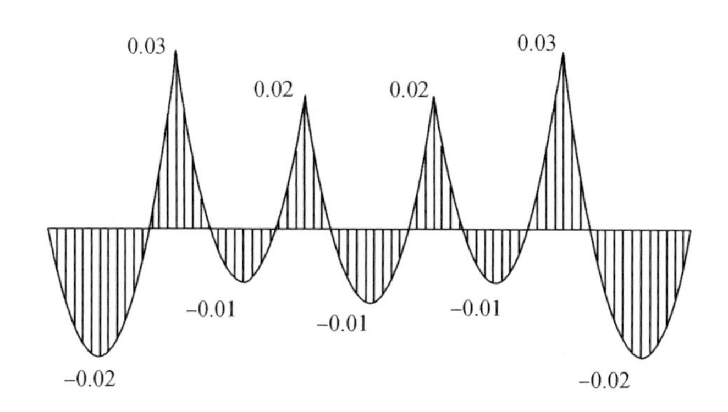

图 9.15　洞身侧墙模板弯矩(kN·m)

验算：

抗弯强度验算：$\sigma = \frac{M_{max}}{W} = 0.03 \times 10^3 \times 10^3 / (37.5 \times 10^3) = 0.80 <$ $[\sigma] = 35$ MPa。

抗剪强度验算：$\tau = \frac{F_S}{bh} = 11.90 \times 150 / (1\ 000 \times 15 \times 2) = 0.06 <$ $[\tau] = 1.4$ MPa。

挠度计算：$f_1 = \frac{5q_2 l^4}{384EI} = 5 \times 6.88 \times 150^4 / (384 \times 1 \times 10^4 \times 28.1 \times$ $10^4) = 0.016$ mm $< [f] = 150/400 = 0.375$ mm。

经验算，符合要求。

b. 侧板次龙骨计算分析

取单位宽度进行验算，按照跨距 $S = 60$ cm（主楞净距）连续梁进行验算。

计算时按照 5 跨连续梁考虑，计算模型如图 9.16 所示。

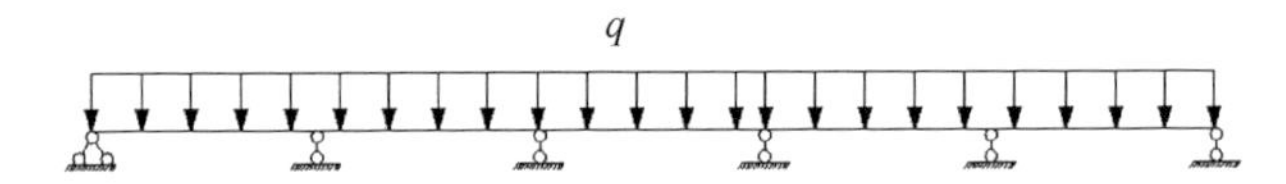

图 9.16　洞身侧墙模板次龙骨计算模型

综上：$q_1 = 1.35 \times (6.74 + 0.135 + 0.23) \times 0.15 + 0.22 \times 1.4 \times 8.5 \times 0.15 = 1.83$ kN/m；

$q_2 = (6.74 + 0.135 + 0.23) \times 0.15 = 1.07$ kN/m。

弯矩图如图 9.17 所示。

验算：

抗弯强度验算：$\sigma = \frac{M_{max}}{W} = 0.07 \times 10^3 \times 10^3 / (4.49 \times 10^3) =$ 15.6 Mpa $< [\sigma] = 215$ MPa。

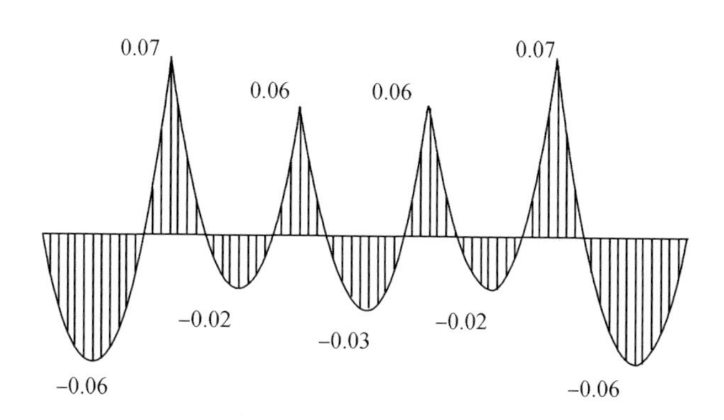

图 9.17　洞身侧墙模板次龙骨弯矩(kN·m)

抗剪强度验算：$\tau=\dfrac{2F_S}{A}$ =2×1.83×600/424=5.18<[τ]=110 MPa。

挠度计算：$f_1=\dfrac{5q_2l^4}{384EI}$ =5×1.07×600^4/(384×2.06×10^5×10.78×10^4)=0.08 mm<[f]=600/400=1.5 mm。

经验算，符合要求。

c. 侧板主龙骨计算分析

取单位宽度进行验算，按照跨距 S=42.5 cm(螺栓净距)连续梁进行验算。

计算时按照 5 跨连续梁考虑，计算模型如图 9.18 所示。

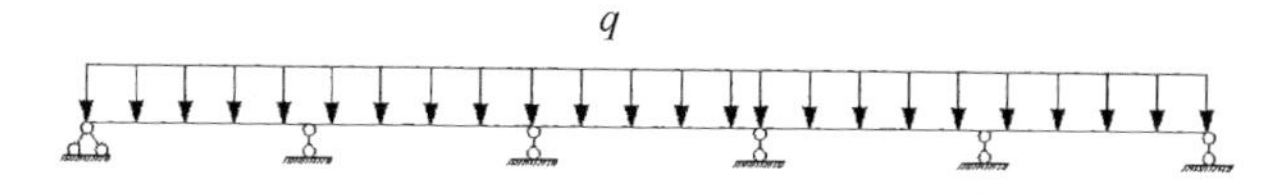

图 9.18　洞身侧墙模板主龙骨计算模型

综上：q_1=1.35×(6.74+0.135+0.23+0.12)×0.425+0.22×1.4×8.5×0.425=5.26 kN/m；

q_2=(6.74+0.135+0.23+0.12)×0.425=3.07 kN/m。

弯矩图如图 9.19 所示。

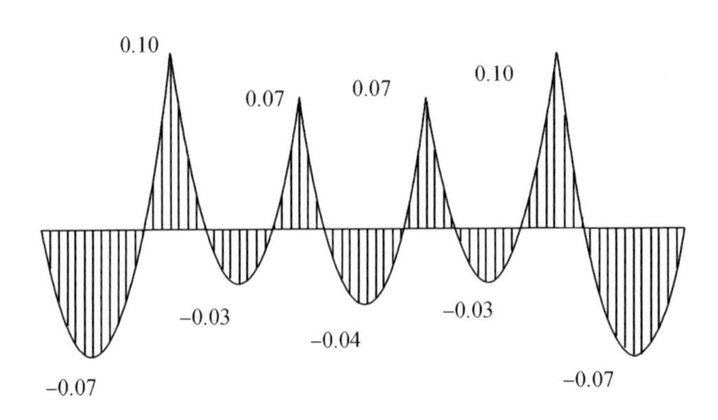

图 9.19 洞身侧墙模板次龙骨弯矩(kN·m)

验算:

抗弯强度验算:$\sigma = \dfrac{M_{\max}}{2W}$ $=0.10\times10^3\times10^3/(2\times4.49\times10^3)=11.14$ Mpa$<[\sigma]=215$ MPa。

抗剪强度验算:$\tau = \dfrac{F_S}{A} = 5.26\times600/424 = 7.44 < [\tau] = 110$ MPa。

挠度计算:$f_1 = \dfrac{5q_2 l^4}{384EI}$ $=5\times3.07\times600^4/(384\times2.06\times10^5\times10.78\times10^4)=0.23$ mm$<[f]=600/400=1.5$ mm。

经验算,符合要求。

d. 对拉螺栓稳定性计算分析,公式如式(9.9)所示。

$$N < [N] = fA \tag{9.9}$$

其中:N——对拉螺栓所受的拉力;

A——对拉螺栓有效面积(mm^2);

f——对拉螺栓的抗拉强度设计值,取 170 $\mathrm{N/mm}^2$;

对拉螺栓的直径(mm):16;

对拉螺栓有效直径(mm):14;

对拉螺栓有效面积(mm^2):A=144.000;

对拉螺栓最大容许拉力值(kN):$[N]$=24.480;

对拉螺栓所受的最大拉力(kN):$N = q_1 \times a \times b$=11.9×0.6×0.425=3.03 kN。

经验算,符合要求。

③ 涵洞洞身顶板

洞身墩墙模板一次整体立模,墩墙迎水面及临土面外露部分采用全新整体大钢模板,封头非外露部位采用木模板,模板固定均采用内外脚手及对拉止水螺栓固定。顶板底模采用全新大钢模板,在底板上搭设满堂脚手架做支撑。

洞身模板内支架为承重支架,采用ϕ48 mm×3 mm钢管搭设满堂支架,间距为50 cm×75 cm,步距为1.5 m,模板及支承结构简图如图9.20所示。

a. 洞身顶板模板

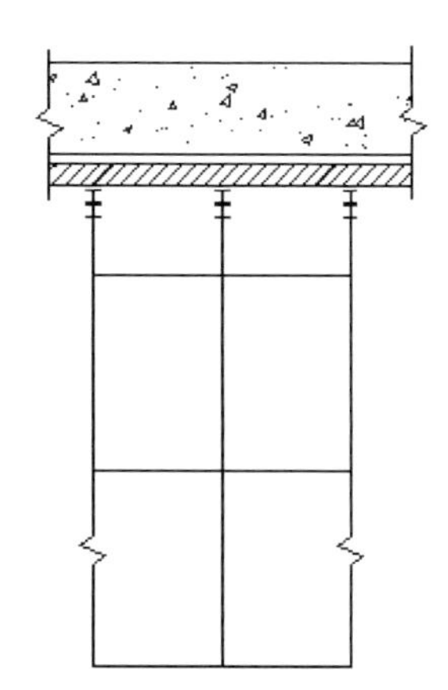

图9.20 洞身顶板模板及支承结构简图

取单位宽度模板进行验算，按照跨距 S=12.5 cm(方木净距)连续梁进行计算面板强度，计算时按照 5 跨考虑，计算模型如图 9.21 所示。

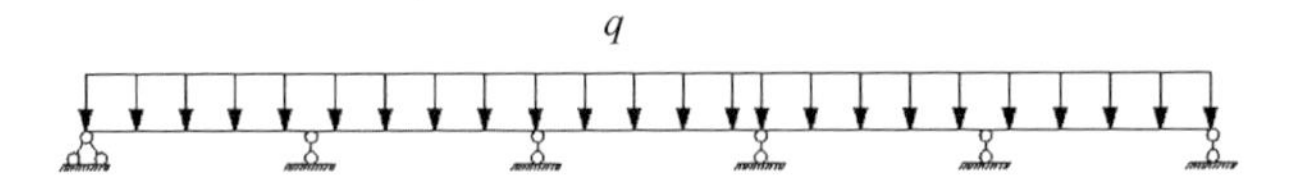

图 9.21 洞身顶板模板计算模型

综上：$q_1=1.35\times(30.6+0.471)+1.4\times8.5=53.85$ kN/m；

$q_2=30.6+0.471=31.07$ kN/m。

弯矩如图 9.22 所示。

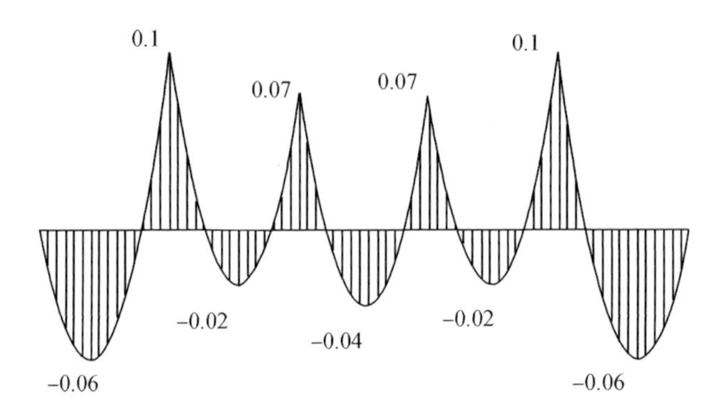

图 9.22 洞身顶板模板弯矩(kN·m)

验算：

抗弯强度验算：$\sigma=\dfrac{M_{\max}}{W}=0.1\times10^3\times10^3/(6\times10^3)=16.67<[\sigma]=215$ MPa。

抗剪强度验算：$\tau=\dfrac{F_S}{bh}=53.85\times125/(1\ 000\times6\times2)=0.56<[\tau]=110$ MPa。

挠度计算：$f_1=\dfrac{5q_2l^4}{384EI}=5\times31.07\times125^4/(384\times2.06\times10^5\times$

$1.84\times10^4)=0.026$ mm$<[f]=125/400=0.3$ mm。

b. 次龙骨计算分析

取单位宽度进行验算，按照跨距 $S=50$ cm(工字钢净距)连续梁进行计算面板强度。

计算时按照 3 跨连续梁考虑，计算模型如图 9.23 所示。

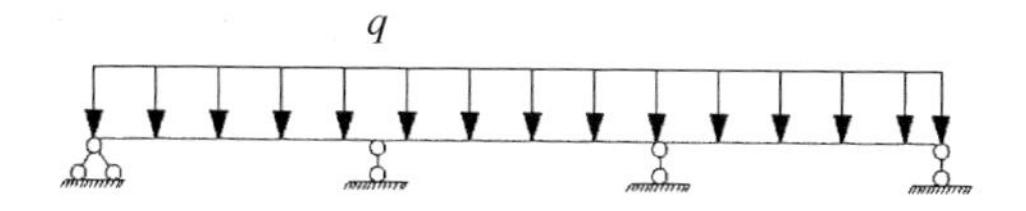

图 9.23　洞身顶板模板次龙骨计算模型

综上：$q_1=1.35\times(30.6+0.471+0.056)\times0.125+1.4\times8.5\times0.125=6.74$ kN/m；

$q_2=(30.6+0.471+0.056)\times0.125=3.89$ kN/m。

弯矩图如图 9.24 所示。

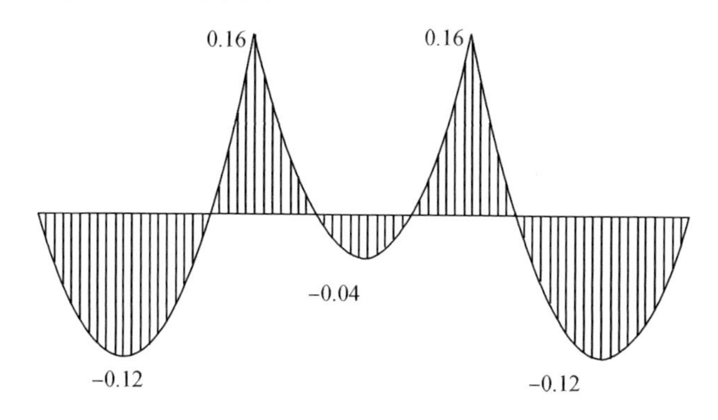

图 9.24　洞身顶板模板次龙骨弯矩(kN·m)

验算：

抗弯强度验算：$\sigma=\dfrac{M_{max}}{W}=0.16\times10^3\times10^3/(40.83\times10^3)=3.92$ MPa$<[\sigma]=35$ MPa。

抗剪强度验算：$\tau = \dfrac{F_S}{bh}$ =6.74×500/(50×70×2)=0.48<[τ]=1.4 MPa。

挠度计算：$f_1 = \dfrac{5q_2l^4}{384EI}$ =5×3.89×500^4/(384×1×10^4×142.9×10^4)=0.22 mm<[f]=500/400=1.25 mm。

c. 主龙骨计算分析

取单位宽度进行验算，按照跨距 S=50 cm(工字钢净距)连续梁进行计算面板强度。

计算时按照5跨连续梁考虑，计算模型如图9.25所示。

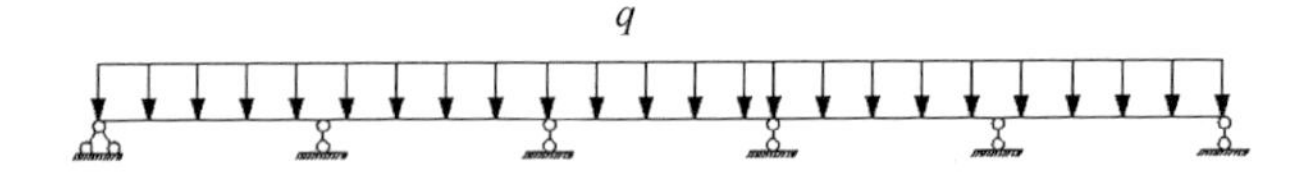

图 9.25　洞身顶板模板主龙骨计算模型

综上：q_1 =1.35×(30.6+0.471+0.056+0.224)×0.5+1.4×8.5×0.5=27.11 kN/m；

q_2 =(30.6+0.471+0.056+0.224)×0.5=15.68 kN/m。

弯矩图如图9.26所示。

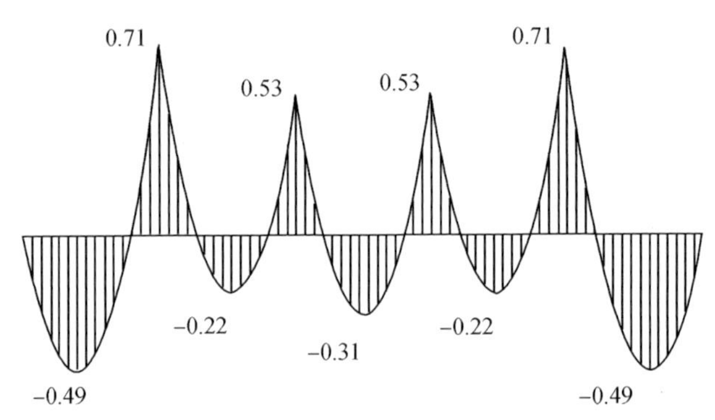

图 9.20　洞身顶板模板次龙骨弯矩(kN·m)

验算：

抗弯强度验算：$\sigma = \frac{M_{max}}{W} = 0.71 \times 10^3 \times 10^3/(49 \times 10^3) = 14.49$ Mpa＜$[\sigma]$＝215 MPa。

抗剪强度验算：$\tau = \frac{Fs \times S^*}{I_Z d}$＝27.11×0.5×1 000/(4.5×85.9)＝35.07＜$[\tau]$＝125 MPa。

挠度计算：$f_1 = \frac{5q_2 l^4}{384EI}$＝5×15.68×500^4/(384×2.06×10^5×245×10^4)＝0.025 mm＜$[f]$＝500/400＝1.25 mm。

d. 洞身满堂脚手架计算分析

立杆轴向力设计值按式(9.10)进行计算：

$$N = 1.2\sum N_{GK} + 1.4\sum N_{QK} \qquad (9.10)$$

式中：N——立杆轴向力设计值；

$\sum N_{GK}$——模板及支架自重，新浇混凝土自重和钢筋自重标准值产生的轴向力总和；

$\sum N_{QK}$——施工人员及施工设备荷载标准值和风荷载标准值产生的轴向力总和。

代入数据，求得：

$N = 1.2 \times (25.5 \times 1.2 + 1) \times 0.5 \times 0.75 + 1.4 \times (1 + 2) \times 0.5 \times 0.75 + 1.2 \times 0.2 \times 10 = 18.195$ kN

立杆强度计算：

已知ϕ48 mm×3 mm的钢管计算得A＝424.1 mm^2，则：

$\sigma = N/An = 18.195 \times 1\,000/424.1 = 42.90(\text{N/mm}^2) \leqslant [f] = 215(\text{N/mm}^2)$

强度符合要求。

立杆稳定性按式(9.11)进行计算：

$$\frac{N}{\varphi A} < [\sigma] \tag{9.11}$$

支架立杆的回转半径 $i = 15.90$ mm，立杆的步距取 1.5 m，支架立杆长度按式(9.12)、式(9.13)计算，并取其中的较大值：

$$l_0 = \eta h \tag{9.12}$$

$$l_0 = h' + 2ka \tag{9.13}$$

代入数据求得：

$$l_0' = 1.15 \times 1.5 = 1.725 \text{ m}$$
$$l_0'' = 1 + 2 \times 0.7 \times 0.65 = 1.9 \text{ m}$$

则长细比为：

$$\lambda = \mu l_0 / i = 1 \times 1\,900 / 15.90 = 119.5$$

查《建筑施工承插型盘扣式钢管支架安全技术规范》(JGJ 231—2010)附录D：$\varphi = 0.352$，则有：

$$\frac{N}{\varphi A} = \frac{18.195 \times 10^3}{0.352 \times 450} = 114.87 \text{ MPa} < \sigma_{\max} = 310 \text{ MPa}$$

立杆稳定性复合要求。

剪刀撑验算：

风荷载标准值按式(9.14)进行计算：

$$W_k = \mu_s w_0 \tag{9.14}$$

其中：W_k ——风荷载标准值；

μ_s ——结构风载体型系数，按现行国家标准《建筑结构荷载规范》(GB 5009—2012)的规定，查表可得该结构风载体型系数取1.3；

w_0 ——基本风压，按现行国家标准《建筑结构荷载规范》

(GB 5009—2012)的规定采用，常州市基本风压按十年一遇风压值采用，w_0=0.25 kN/m²。

将数据代入公式，可求得：

$$W_k = \mu_s w_0 = 1.3 \times 0.25 = 0.325\ \text{kN/m}^2$$

剪刀撑轴力按式(9.15)进行计算：

$$F = \frac{M}{d} \tag{9.15}$$

式中：F——剪刀撑轴力；

M——结构在风荷载下的最大弯矩值；

d——剪刀撑到最大弯矩点的距离。

在风荷载标准值作用下，结构的最大弯矩 M 为 6.87 kN·m，剪刀撑力臂 d 为 5.04 m。代入公式，可求得：

$$F = \frac{6.87}{5.04} = 1.36\ \text{kN}$$

抗拉强度：$\sigma = F/A = 1.36 \times 2.5 \times 1\,000/424 = 8.02\ \text{MPa} < [\sigma] = 215\ \text{MPa}$。

按照每 2.5 m 布置一根剪刀撑的布置方式，符合要求。

④ 涵洞洞身侧墙大钢模板计算分析

验算侧向模板时，模板的侧压力取式(9.16)、式(9.17)中较小值：

$$P = K_1 \times Y \times H \tag{9.16}$$

$$P = 0.22 \times Y \times t_0 \times b_1 \times b_2 \times V^{1/2} \tag{9.17}$$

式中：P——新浇混凝土对侧面模板的最大侧压力(kPa)；

K_1——外加剂修正系数，取 1.0；

H——有效压头高度(m)，最大侧压力在最底部，取 H=5.3 m；

Y——混凝土的容重，取 25.5 kN/m³；

t_0 ——新浇混凝土的初凝时间(h),取 1 h;

b_1 ——外加剂影响修正系数。取 1.0;

b_2 ——混凝土坍落度影响修正系数,取 0.85;

V ——混凝土的浇筑速度(m/h),取 2.0 m/h;

代入公式得:

$P=1.0\times25.5\times5.3=135.15\ \text{kN/m}^2$

$P=0.22\times25.5\times1\times1.0\times0.85\times2^{1/2}=6.74\ \text{kN/m}^2$,则:

综上,取 $P=6.74\ \text{kN/m}^2$,则:

$q_1=1.35\times(6.74+0.471)+0.22\times1.4\times8.5=12.35\ \text{kN/m}$

$q_2=6.74+0.471=7.21\ \text{kN/m}$

计算时按照 5 跨连续梁考虑,跨距为 0.26 m(次龙骨间距),计算模型如图 9.27 所示。

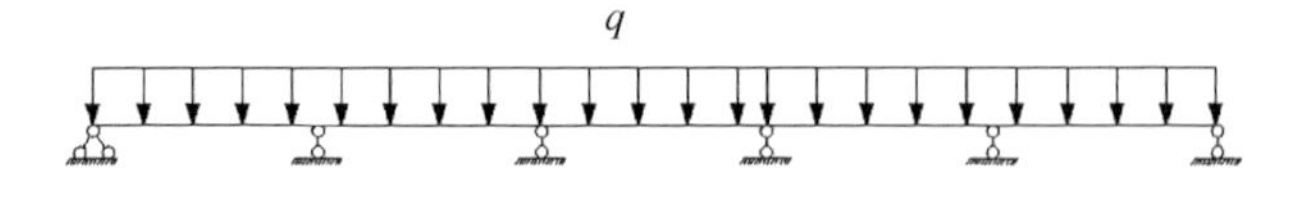

图 9.27 大模板计算模型

计算弯矩简图如图 9.28 所示。

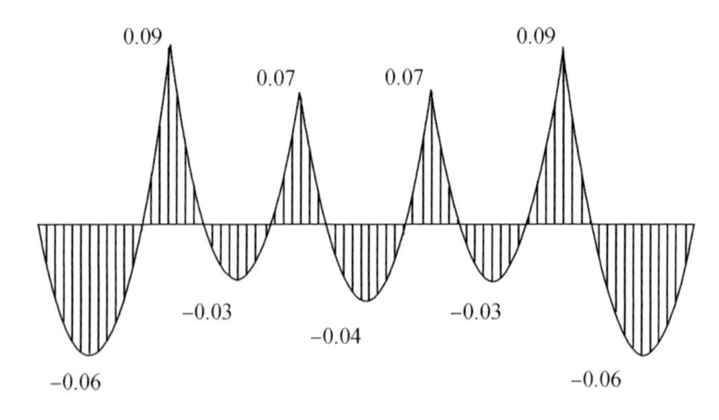

图 9.28 大模板弯矩(kN·m)

验算：

抗弯强度验算：$\sigma=\dfrac{M_{\max}}{W}=0.09\times10^3\times10^3/(37.5\times10^3)=2.4<[\sigma]=215\ \text{MPa}$。

抗剪强度验算：$\tau=\dfrac{F_S}{bh}=12.35\times260/(1\,000\times6\times2)=0.27<[\tau]=110\ \text{MPa}$。

挠度计算：$f_1=\dfrac{5q_2l^4}{384EI}=5\times7.21\times260^4/(384\times1.8\times10^4\times2.06\times10^5)=0.12\ \text{mm}<[f]=260/400=0.65\ \text{mm}$。

(2) 船闸闸室及工作桥模板脚手架计算分析

闸首墩墙模板采用全新覆膜板，转角或圆弧段采用定制钢模。模板使用对销螺栓和钢管支架固定。模板支架直接在底板上搭设。

闸首模板支架采用ϕ48 mm×3 mm 钢管搭设满堂支架，工作桥部位支架为承重支架，间距为 40 cm×60 cm，步距为 1.5 m，其余部位间距为 80 cm×60 cm，步距为 1.5 m。

① 闸室侧墙模板计算分析

a. 闸室侧墙模板

验算侧向模板时，模板的侧压力取式(9.18)、式(9.19)中较小值：

$$P=K_1\times Y\times H \tag{9.18}$$

$$P=0.22\times Y\times t_0\times b_1\times b_2\times V^{1/2} \tag{9.19}$$

式中：P ——新浇混凝土对侧面模板的最大侧压力(kPa)；

K_1 ——外加剂修正系数，取 1.0；

H ——有效压头高度(m)，最大侧压力在最底部，取 $H=5.3$ m；

Y ——混凝土的容重，取 25.5 kN/m^3；

t_0 ——新浇混凝土的初凝时间(h)，取 1 h；

b_1 ——外加剂影响修正系数，取 1.0；

b_2 ——混凝土坍落度影响修正系数，取 0.85；

V ——混凝土的浇筑速度(m/h)，取 2.0 m/h。

$$P = 1.0 \times 25.5 \times 7.5 = 191.25\ \mathrm{kN/m^2}$$

$$P = 0.22 \times 25.5 \times 1 \times 1.0 \times 0.85 \times 2^{1/2} = 6.74\ \mathrm{kN/m^2}$$

综上，取 P=6.74 kN/m²，则：

q_1 =1.35×(6.74+0.135)+0.22×1.4×8.5=11.9 kN/m

q_2 =6.74+0.135=6.88 kN/m

计算时按照 5 跨连续梁考虑，跨距为 0.15 m(次龙骨间距)，计算模型如图 9.29 所示。

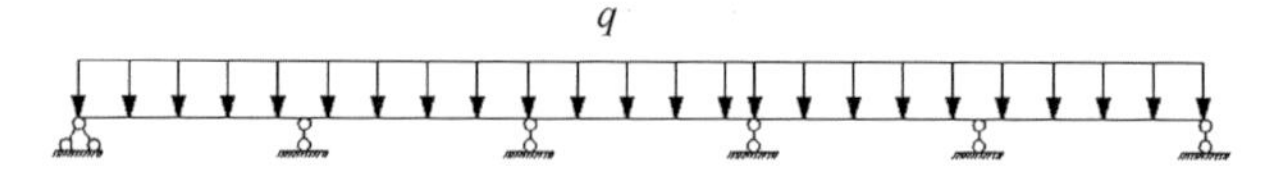

图 9.29 闸室墙模板计算模型

计算弯矩简图如图 9.30 所示。

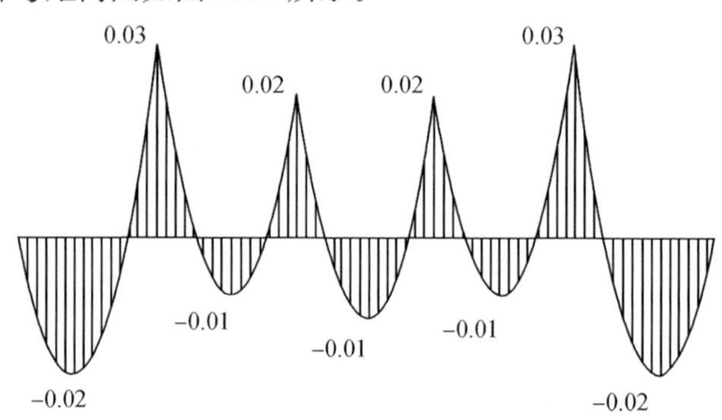

图 9.30 闸室墙模板弯矩(kN·m)

验算：

抗弯强度验算：$\sigma = \dfrac{M_{\max}}{W}$ =0.03×10³×10³/(37.5×10³)=0.8＜[σ]=35 MPa。

抗剪强度验算：$\tau=\dfrac{F_S}{bh}=11.9\times150/(1\ 000\times15\times2)=0.06<[\tau]=$ 1.4 MPa。

挠度计算：$f_1=\dfrac{5q_2l^4}{384EI}=5\times6.88\times150^4/(384\times1\times10^4\times28.1\times10^4)=0.016\ \text{mm}<[f]=150/400=0.375\ \text{mm}$。

经验算，符合要求。

b. 次龙骨计算分析

取单位宽度进行验算，按照跨距 $S=60$ cm（主楞净距）连续梁进行验算。

计算时按照 5 跨连续梁考虑，计算模型如图 9.31 所示。

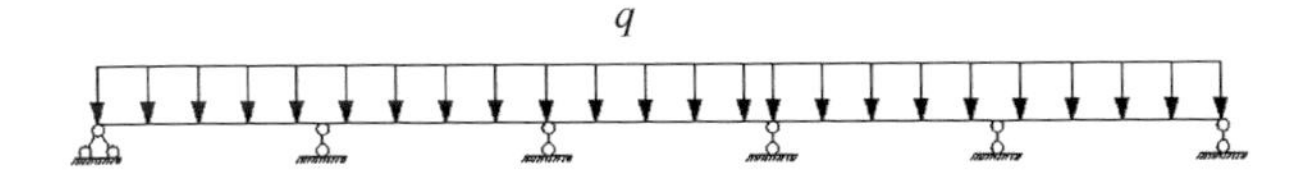

图 9.31　闸室墙模板次龙骨计算模型

综上：$q_1=1.35\times(6.74+0.135+0.23)\times0.15+0.22\times1.4\times8.5\times0.15=1.83$ kN/m；

$q_2=(6.74+0.135+0.23)\times0.15=1.07$ kN/m。

弯矩图如图 9.32 所示。

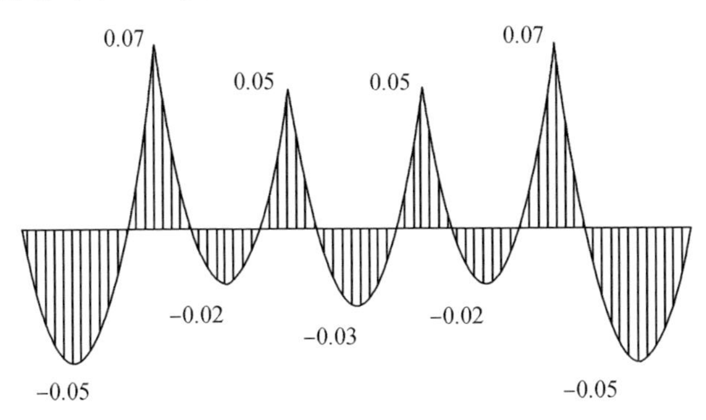

图 9.32　闸室墙模板次龙骨弯矩(kN·m)

验算：

抗弯强度验算：$\sigma = \dfrac{M_{max}}{W}$ =0. 07×10³×10³/(4. 49×10³)=15. 6 MPa<[σ]=215 MPa。

抗剪强度验算：$\tau = \dfrac{2F_S}{A}$=2×1. 83×600/424=5. 18<[τ]=110 MPa。

挠度计算：$f_1 = \dfrac{5q_2 l^4}{384EI}$=5×1. 07×600⁴/(384×2. 06×10⁵×10. 78×10⁴)=0. 08 mm<[f]=600/400=1. 5 mm。

经验算，符合要求。

c. 主龙骨计算分析

取单位宽度进行验算，按照跨距 S=42. 5 cm(螺栓净距)连续梁进行验算。

计算时按照 5 跨连续梁考虑，计算模型如图 9. 33 所示。

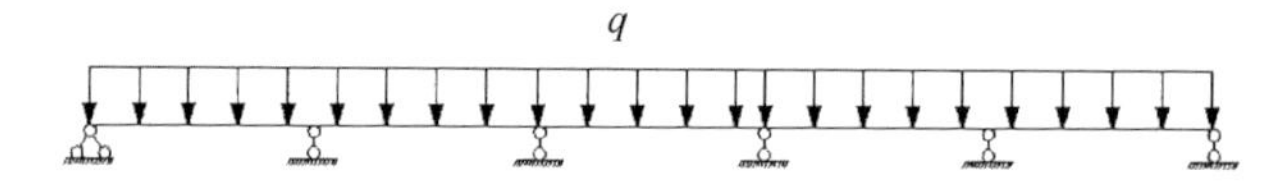

图 9. 33　闸室墙模板主龙骨计算模型

综上：q_1 =1. 35×(6. 74+0. 135+0. 23+0. 12)×0. 425+0. 22×1. 4×8. 5×0. 425=5. 26k N/m；

q_2 =(6. 74+0. 135+0. 23+0. 12)×0. 425=3. 07 kN/m。

弯矩图如图 9. 34 所示。

验算：

抗弯强度验算：$\sigma = \dfrac{M_{max}}{2W}$ =0. 10×10³×10³/(2×4. 49×10³)=11. 14 Mpa<[σ]=215 MPa。

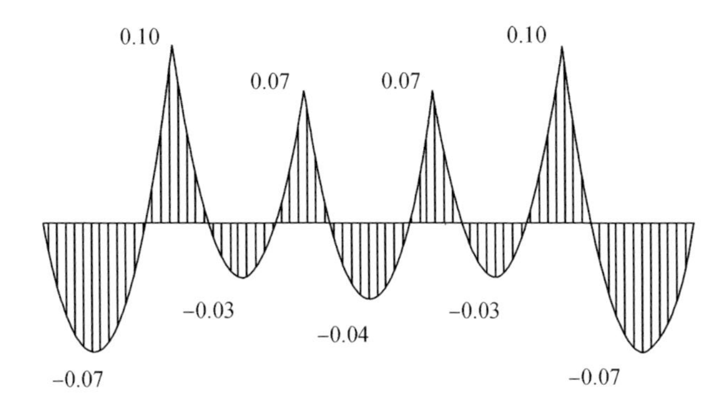

图 9.34 闸室墙模板主龙骨弯矩(kN·m)

抗剪强度验算：$\tau = \dfrac{F_S}{A} = 5.26 \times 600/424 = 7.44 < [\tau] = 110\ \text{MPa}$。

挠度计算：$f_1 = \dfrac{5q_2 l^4}{384EI} = 5 \times 3.07 \times 600^4/(384 \times 2.06 \times 10^5 \times 10.78 \times 10^4) = 0.23\ \text{mm} < [f] = 600/400 = 1.5\ \text{mm}$。

经验算，符合要求。

d. 对拉螺栓稳定性计算分析

计算公式如式(9.20)所示：

$$N < [N] = fA \tag{9.20}$$

其中：N ——对拉螺栓所受的拉力；

A ——对拉螺栓有效面积(mm^2)；

f ——对拉螺栓的抗拉强度设计值，取 170 N/mm^2；

对拉螺栓的直径(mm)：16；

对拉螺栓有效直径(mm)：14；

对拉螺栓有效面积(mm^2)：$A = 144.000$；

对拉螺栓最大容许拉力值(kN)：$[N] = 24.480$ kN；

对拉螺栓所受的最大拉力(kN)：$N=q_1\times a\times b=11.9\times 0.6\times 0.425=3.03$ kN。

经验算,符合要求。

② 工作桥模板脚手架

钢管强度为215.0 N/mm²。梁截面$B\times D=400$ mm×1 000 mm,立杆的纵距(跨度方向)$l=0.60$ m,立杆的步距$h=0.6$ m。面板厚度15 mm,剪切强度1.4 N/mm²,抗弯强度15.0 N/mm²,弹性模量6 000.0 N/mm²。内龙骨采用钢管ϕ48 mm×3.0 mm。梁两侧立杆间距为1.5 m。

梁底按照均匀布置承重杆3根计算。模板自重0.135 kN/m³,混凝土钢筋自重25.50 kN/m³。

模板支架采用ϕ48 mm×3 mm钢管搭设满堂支架,间距为40 cm×60 cm,步距为1.5 m,工作桥大梁模板及支承结构如图9.35所示。

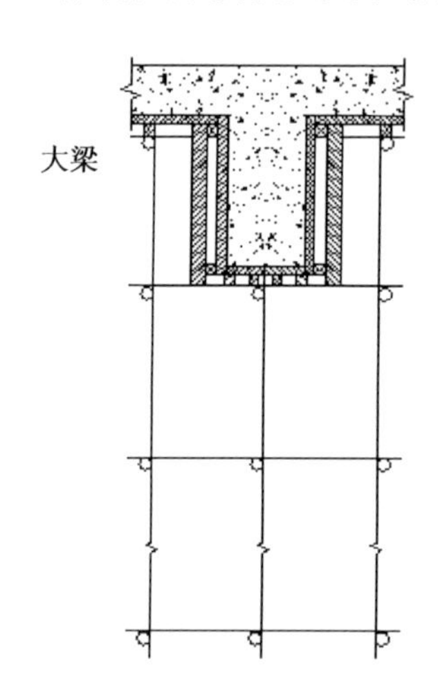

图9.35 工作桥大梁模板及支承结构简图

a. 梁底顶板模板计算分析

取单位宽度模板进行验算,按照跨距$S=13.3$ cm(次龙骨净距)连续梁进行计算面板强度，计算时按照 3 跨考虑，计算模型如图 9.36 所示。

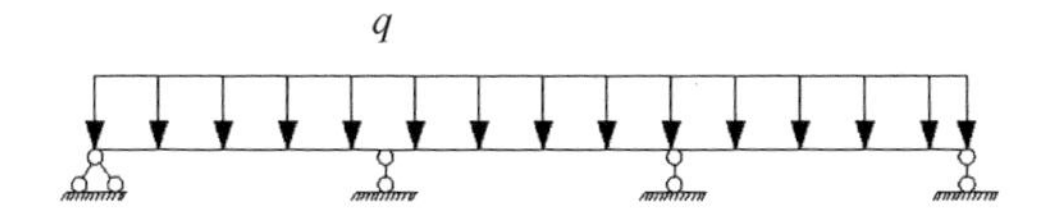

图 9.36 工作桥大梁底模板计算模型

综上：$q_1 = 1.35 \times (25.5 \times 1.6 + 0.135) + 1.4 \times 8.5 = 67.16$ kN/m；

$q_2 = 25.5 \times 1.6 + 0.135 = 40.94$ kN/m。

弯矩图如图 9.37 所示。

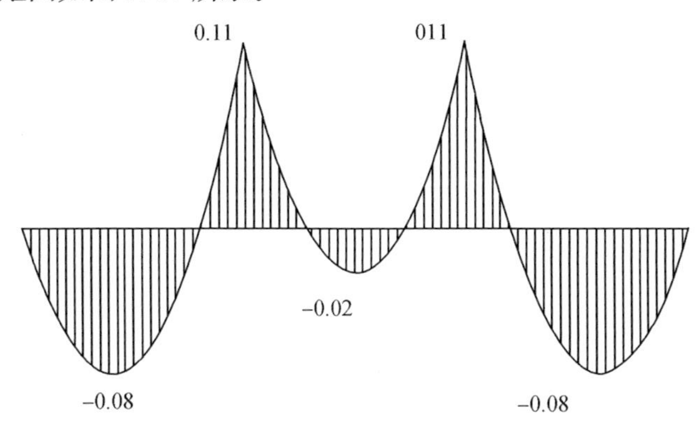

图 9.37 工作桥大梁底模板弯矩(kNm)

验算：

抗弯强度验算：$\sigma = \dfrac{M_{max}}{W} = 0.11 \times 10^3 \times 10^3 / (37.5 \times 10^3) = 2.93 < [\sigma] = 35$ MPa。

抗剪强度验算：$\tau = \dfrac{F_S}{bh} = 67.16 \times 133 / (1\,000 \times 15 \times 2) = 0.3 < [\tau] = 1.4$ MPa。

挠度计算：$f_1=\frac{5q_2l^4}{384EI}$ =5×40.94×133⁴/(384×1×10⁴×28.1×10⁴)=0.06 mm<[f]=133/400=0.33 mm。

经验算,符合要求。

b. 梁底支撑龙骨计算分析

取单位宽度进行验算,按照跨距 S=40 cm(主龙骨净距)连续梁进行计算面板强度。

计算时按照5跨连续梁考虑,计算模型如图9.38所示。

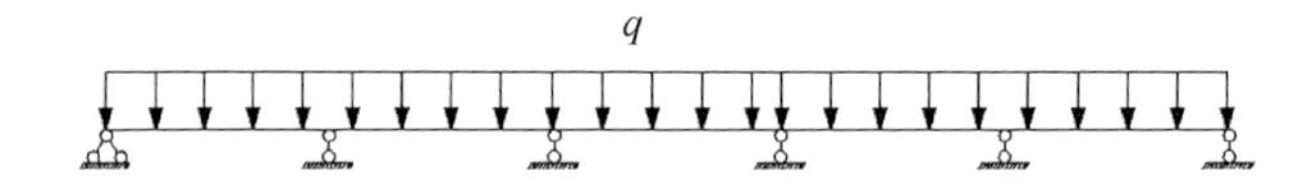

图9.38　工作桥大梁底模板支撑龙骨计算模型

综上：q_1 =1.35×(25.5×1.6+0.135)×0.133+1.4×8.5×0.133=8.93 kN/m;

q_2 =(30.6+0.135+0.056)×0.133=4.1 kN/m。

弯矩图如图9.39所示。

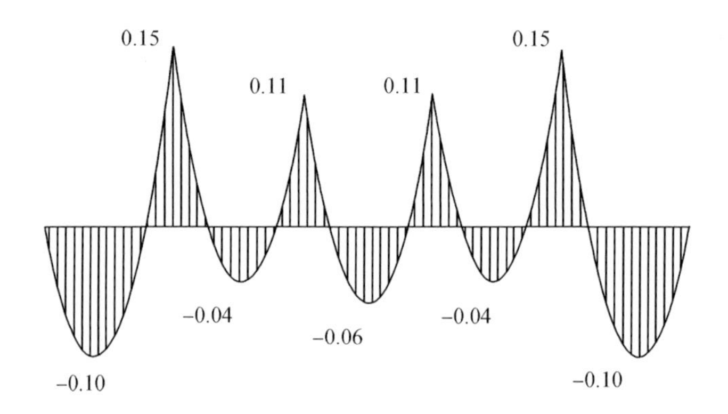

图9.39　工作桥大梁底模板支撑龙骨弯矩(kN·m)

验算：

抗弯强度验算：$\sigma=\frac{M_{max}}{W}=0.15\times10^3\times10^3/(40.83\times10^3)=3.67$ Mpa$<[\sigma]=35$ MPa。

抗剪强度验算：$\tau=\frac{F_S}{bh}=8.93\times400/(50\times70\times2)=0.51<[\tau]=$ 1.4 MPa。

挠度计算：$f_1=\frac{5q_2l^4}{384EI}=5\times4.1\times500^4/(384\times1\times10^4\times142.9\times10^4)=0.23$ mm$<[f]=400/400=1$ mm。

经验算，符合要求。

c. 工作桥满堂脚手架计算分析

立杆轴向力设计值按式(9.21)进行计算：

$$N=1.2\sum N_{GK}+1.4\sum N_{QK} \tag{9.21}$$

式中：N ——立杆轴向力设计值；

$\sum N_{GK}$ ——模板及支架自重，新浇混凝土自重和钢筋自重标准值产生的轴向力总和；

$\sum N_{QK}$ ——施工人员及施工设备荷载标准值和风荷载标准值产生的轴向力总和。

代入数据，求得：

$N=1.2\times\left(\frac{25.5\times1.1\times5.2}{6}+1\right)\times0.4\times0.6+1.4\times(1+2)\times0.4\times0.6+1.2\times0.2\times10=10.70$ kN

立杆强度计算：

已知$\phi48$ mm×3 mm的钢管计算得$A=424.1$ mm^2，则：

$\sigma=N/An=10.70\times1000/424.1=25.23(\mathrm{N/mm^2})\leqslant[f]=215(\mathrm{N/mm^2})$

强度符合要求。

立杆稳定性按下式进行计算：

$$\frac{N}{\varphi A} < [\sigma] \tag{9.22}$$

支架立杆的回转半径 i=15.90 mm，立杆的步距取 1.5 m，支架立杆长度按下式计算，并取其中的较大值：

$$l_0 = \eta h \tag{9.23}$$

$$l_0 = h' + 2ka \tag{9.24}$$

代入数据求得：

$$l_0' = 1.15 \times 1.5 = 1.725 \text{ m}$$
$$l_0'' = 1 + 2 \times 0.7 \times 0.65 = 1.9 \text{ m}$$

则长细比为：

$$\lambda = \mu l_0 / i = 1 \times 1900/15.90 = 119.5$$

查《建筑施工承插型盘扣式钢管支架安全技术规范》(JGJ 231—2010)附录 D：$\varphi = 0.352$，则有：

$$\frac{N}{\varphi A} = \frac{10.70 \times 10^3}{0.352 \times 450} = 67.55 \text{ MPa} < \sigma_{\max} = 310 \text{ MPa}$$

立杆稳定性复合要求。

剪刀撑验算：

风荷载标准值按式(9.25)进行计算：

$$W_k = \mu_s w_0 \tag{9.25}$$

其中：W_k ——风荷载标准值；

μ_s ——结构风载体型系数，按现行国家标准《建筑结构荷载规范》(GB 50009—2012)的规定，查表可得该结构风载体型系数取 1.3；

w_0——基本风压，按现行国家标准《建筑结构荷载规范》(GB 50009—2012)的规定采用，常州市基本风压按十年一遇风压值采用，$w_0=0.25\ \mathrm{kN/m^2}$；

将数据代入公式，可求得：

$$W_k = \mu_s w_0 = 1.3 \times 0.25 = 0.325\ \mathrm{kN/m^2}$$

剪刀撑轴力按式(9.26)进行计算：

$$F = \frac{M}{d} \tag{9.26}$$

式中：F——剪刀撑轴力；

M——结构在风荷载下的最大弯矩值；

d——剪刀撑到最大弯矩点的距离。

在风荷载标准值作用下，结构的最大弯矩 M 为 6.87 kN·m，剪刀撑力臂 d 为 5.04 m。代入公式，可求得：

$$F = \frac{6.87}{5.04} = 1.36\ \mathrm{kN}$$

抗拉强度：$\sigma = F/A = 1.36 \times 2.5 \times 1\,000/424 = 8.02\ \mathrm{MPa} < [\sigma] = 215\ \mathrm{MPa}$。

按照每 2.5 m 布置一根剪刀撑的布置方式，符合要求。

9.5 奔牛枢纽工程模板及脚手架施工图

相关图示如附图 1～附图 3 所示。

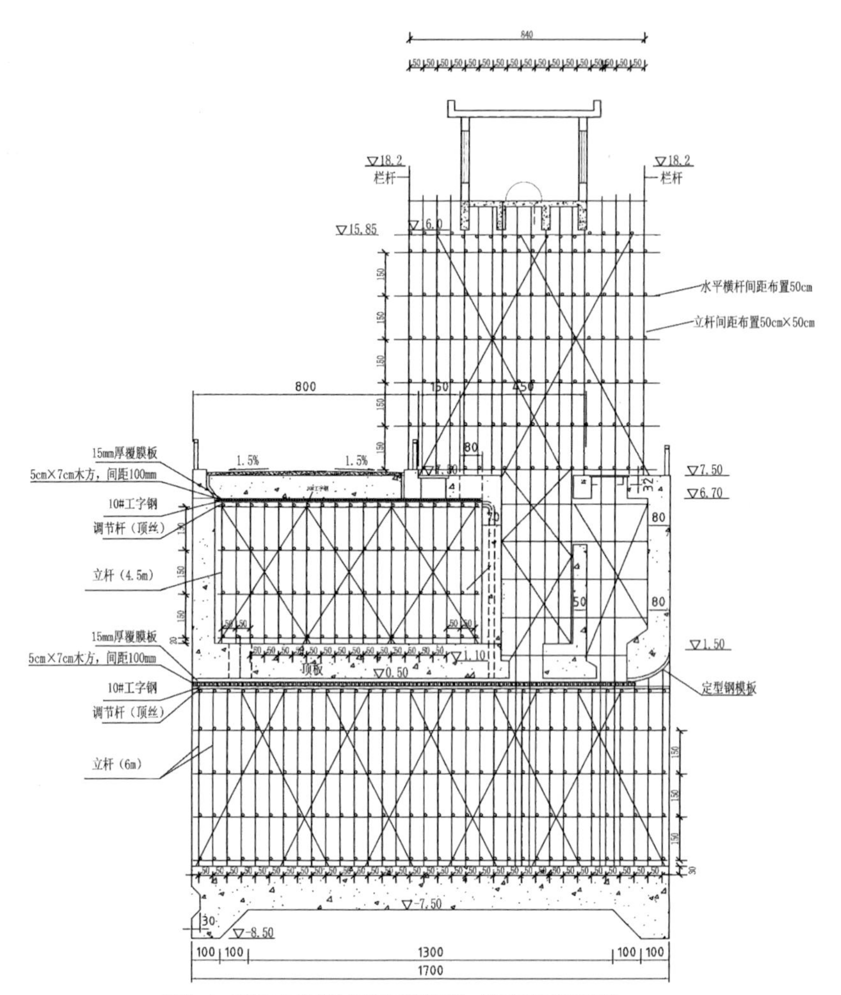

说明：1．高程0.5m以下纵向设置5道剪刀撑，横向设置2道剪刀撑；
高程7.5m以下纵向设置3道剪刀撑，横向设置2道剪刀撑；
高程7.5m以上纵横向各设置2道剪刀撑。
2．在高程15.85m、7.5m处增设水平剪刀撑，数量均为2道。
3．脚手架的两侧设置连墙件，在主节点处设置，从底层第一步纵向水平杆处开始设置，每一步内均设置，间距为1.5m；连墙件采用钢管扣件将脚手架与墙身固定。

附图1　洞首模板及支架布置图

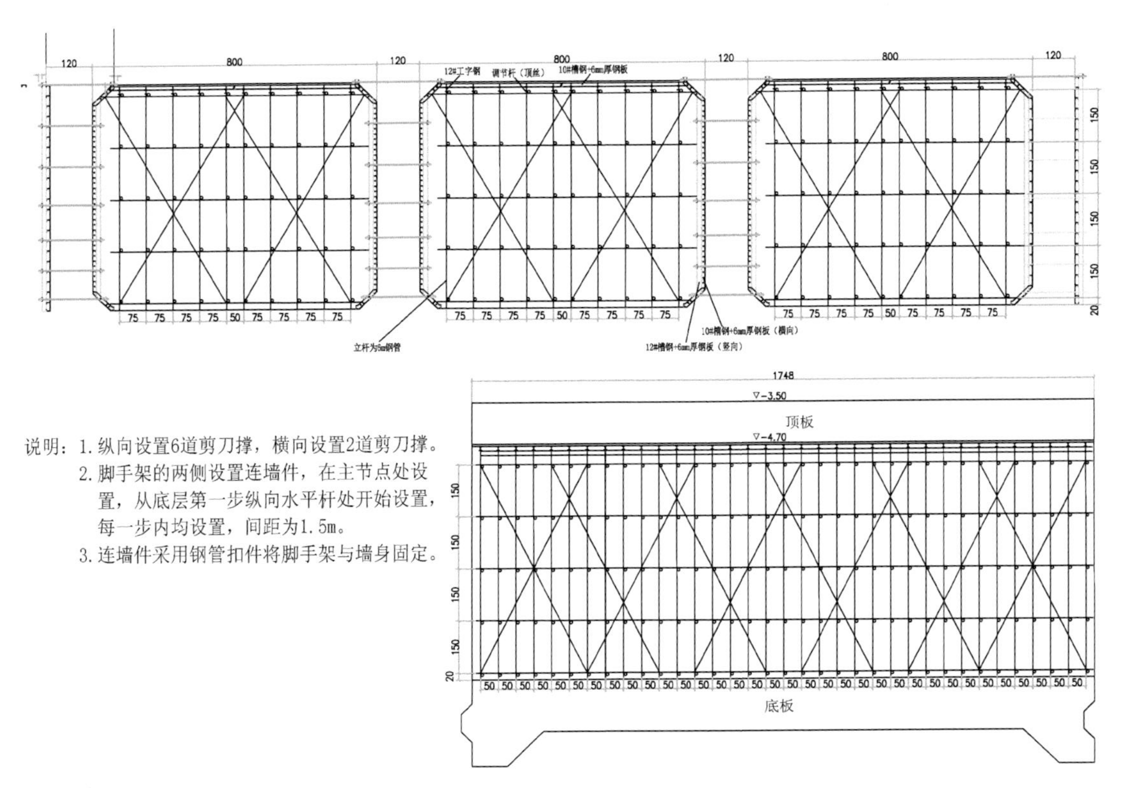

说明：1. 纵向设置6道剪刀撑，横向设置2道剪刀撑。
2. 脚手架的两侧设置连墙件，在主节点处设置，从底层第一步纵向水平杆处开始设置，每一步内均设置，间距为1.5m。
3. 连墙件采用钢管扣件将脚手架与墙身固定。

附图 2　洞身模板及支架布置图

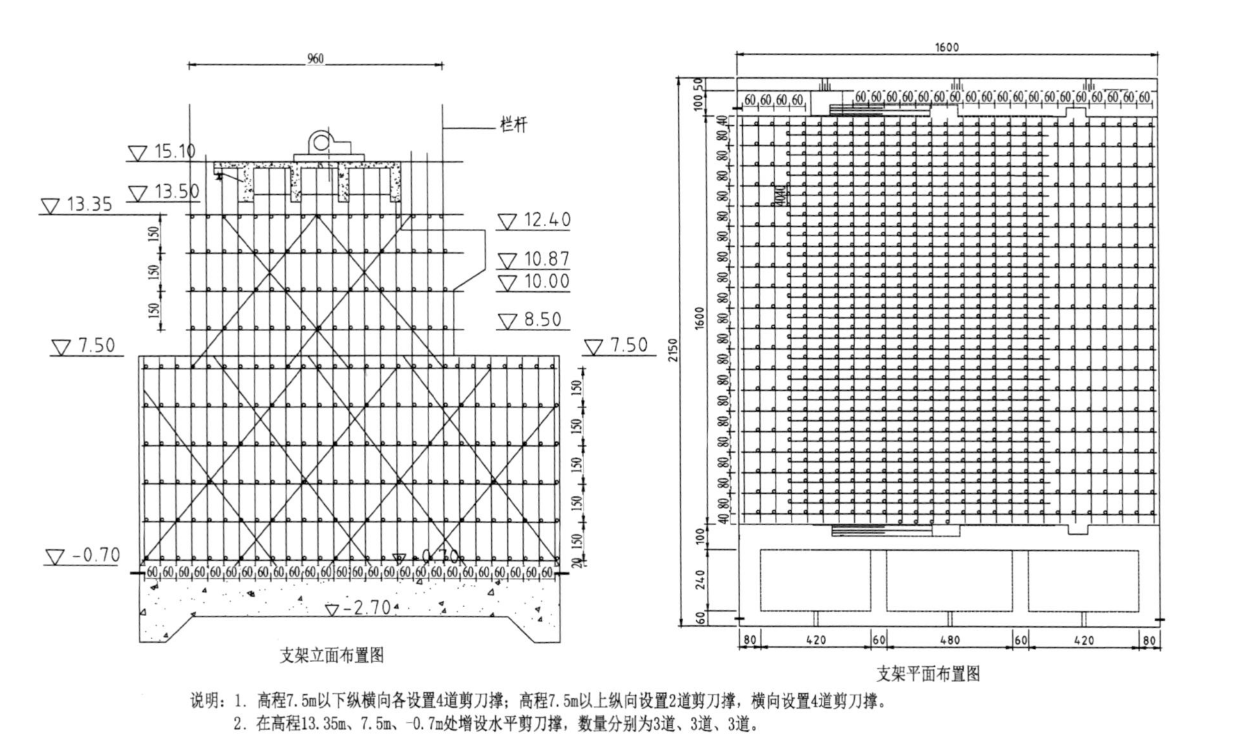

说明：1. 高程7.5m以下纵横向各设置4道剪刀撑；高程7.5m以上纵向设置2道剪刀撑，横向设置4道剪刀撑。

2. 在高程13.35m、7.5m、-0.7m处增设水平剪刀撑，数量分别为3道、3道、3道。

3. 脚手架的两侧设置连墙件，在主节点处设置，从底层第一步纵向水平杆处开始设置，每一步内均设置，间距为1.2m；连墙件采用钢管扣件将脚手架与墙身固定。

附图 3　船闸、节制闸工作桥模板及支架布置图